经济作物除草剂使用技术图解

主　编　张玉聚　刘新涛　杨　阳
副主编　吴仁海　张永超　孙　斌　李庆伟　王守国
编写人员　（按姓氏笔画排列）
　　　　　王会艳　王守国　王恒亮　史艳红　刘　胜
　　　　　刘新涛　孙化田　孙　斌　吴仁海　张永超
　　　　　张玉聚　李庆伟　李伟东　李晓凯　杨　阳
　　　　　苏旺苍　周新强　袁文先　鲁传涛　楚桂芬

金盾出版社

内 容 提 要

本书以大量照片为主,配以简要文字,详细地介绍了经济作物田如何正确使用除草剂。内容包括:经济作物田主要杂草,经济作物田除草剂应用技术,油菜田杂草防治技术,芝麻田杂草防治技术,棉花田杂草防治技术和烟草田杂草防治技术。本书内容全面,照片清晰,适合广大农户参考使用。

图书在版编目(CIP)数据

经济作物除草剂使用技术图解/张玉聚,刘新涛,杨阳主编.--北京:金盾出版社,2012.8
ISBN 978-7-5082-7279-5

Ⅰ.①经… Ⅱ.①张…②刘…③杨… Ⅲ.①经济作物—田间管理—除草剂—农药施用—图解 Ⅳ.①S45-64

中国版本图书馆 CIP 数据核字(2011)第 221208 号

金盾出版社出版、总发行
北京太平路 5 号(地铁万寿路站往南)
邮政编码:100036 电话:68214039 83219215
传真:68276683 网址:www.jdcbs.cn
封面印刷:北京蓝迪彩色印务有限公司
正文印刷:北京金盾印刷厂
装订:永胜装订厂
各地新华书店经销
开本:850×1168 1/32 印张:3.25 字数:46 千字
2012 年 8 月第 1 版第 1 次印刷
印数:1~8 000 册 定价:16.00 元
(凡购买金盾出版社的图书,如有缺页、倒页、脱页者,本社发行部负责调换)

前　言

农田杂草是影响农作物丰产丰收的重要因素。杂草与作物共生并竞争养分、水分、光照与空气等生长条件，严重影响着农作物的产量和品质。在传统农业生产中，主要靠锄地、中耕、人工拔草等方法防除草害，这些方法工作量大、费工、费时，劳动效率较低，而且除草效果不佳。杂草的化学防除是克服农田杂草危害的有效手段，具有省工、省时、方便、高效等优点。除草剂是社会、经济、技术和农业生产发展到一个较高水平和历史阶段的产物，是人们为谋求高效率、高效益农业的重要生产资料，是高效优质农业生产的必要物质基础。

近年来，随着农村经济条件的改善和高效优质农业的发展，除草剂的应用与生产发展迅速，市场需求不断增加；然而，除草剂产品不同于其他一般性商品，除草剂应用技术性强，它的应用效果受到作物、杂草、时期、剂量、环境等多方面因素的影响，我国除草剂的生产应用问题突出，药效不稳、药害频繁，众多除草剂生产企业和营销推广人员费尽心机，不停地与农民为药效、药害矛盾奔波，严重地制约着除草剂的生产应用和农业的发展。

除草剂应用技术研究和经营策略探索，已经成为除草剂行业中的关键课题。近年来，我们先后主持承担了国家和河南省多项重点科技项目，开展了除草剂应用技术研究；同时，深入各级经销商、农户、村庄调研除草剂的营销策略、应用状况、消费心理；并与多家除草剂生产企业开展合作，进行品种的营销策划实践。本套丛书是结合我们多年科研和工作经验，并查阅了大量的国内外文献而编写成的，旨在全面介绍农田杂草的生物学特点和发生规律，系统阐述除草剂的作用原理和应用技术，深入分析各地农田杂草的发生规律、防治策略和除草剂的安全高效应用技巧，有效地推动除草剂的生产与应用。该书主要读者对象是各级农业技术推广人员和除草剂经销服务人员；同时也供农民技术员、农业科研人员、农药厂技术研发和推广销售人员参考。

除草剂是一种特殊商品，其技术性和区域性较强，书中内容仅供参考。建议读者在阅读本书的基础上，结合当地实际情况和杂草防治经验进行试验示范后再推广应用。凡是机械性照搬本书，不能因地制宜地施药而造成的药害和药效问题，请自行承担。由于作者水平有限，书中不当之处，诚请各位专家和读者批评指正。

编著者

目　录

第一章　经济作物田主要杂草

一、经济作物田杂草发生危害情况

我国经济作物田有棉花、烟草、油菜、芝麻等，杂草发生危害严重。

（一）棉花田杂草发生危害状况

我国是世界产棉大国之一，其中以鲁、冀、豫、苏、鄂、新、皖等省区为主要产棉区。棉田杂草主要有24科约60余种，其中以禾本科杂草中的马唐、牛筋草、千金子、旱稗、狗尾草、双穗雀稗、狗牙根等发生密度最大；阔叶杂草以鳢肠、反枝苋、艾蒿、灰绿藜、铁苋菜、苘麻等为主；莎草科杂草以香附子为主。

杂草危害是棉花生产中的一个重要问题。根据全国农田杂草考查组抽样调查，全国棉田草害中等以上程度约有313万公顷，占棉花种植总面积的56%。在长江流域、黄河流域和西北内陆棉区，棉田草害面积分别占种植面积的82.7%、75.2%和81.0%，中等以上程度危害的面积分别为61.7%、50.0%和44.0%。全国因草害损失棉花14.8%，皮棉约减产25.5万吨。有些杂草还是棉花病虫害的寄主，杂草的发生可以增加病虫的危害。

棉花受杂草危害而产量损失的大小与杂草的种类、密度有密切关系。在杂草种类和密度相对不变的情况下，棉花受草害的减产程度还与杂草共生时间长短和共生的不同生育阶段有密切关系。据江

苏省新洋农场试验结果，杂草对棉花生长量和发育进程有强烈的抑制作用，并随共生时间的延长而危害加剧。从播种到6月15日不做除草处理的棉花，比做处理的叶片少19.7%、株高增加33.9%，形成瘦弱高脚苗，此时除草也造成严重的减产；从播种到8月25日不除草，比除草的棉花植株矮66%、叶片少40.8%、果枝少85.7%、果节数少94.2%，很少开花结铃，甚至部分棉株被杂草遮蔽而死亡，严重减产或绝收。

在黄河流域棉区，棉花播种后随着气温的回升，棉田多种杂草陆续开始萌芽，至5月中下旬在田间形成第一个出苗高峰，此时以狗尾草、马唐、旱稗和藜等为主，以后随着降雨和灌水还可出现一次小的出草高峰；7月份，随着雨季的到来，香附子等杂草大量出土，形成第二个出草高峰，与此同时，前期出土的杂草进入生长最盛时期，因而易对棉花造成严重危害。

对于地膜覆盖棉田，由于覆盖后膜内耕作层的土温高、底墒较好，且变化小，比较有利于杂草的萌发出土。一般于覆膜后5～7天杂草即陆续出土，在墒情好的情况下，15天左右即形成出土高峰，出土高峰形成的时间有长有短，特点是杂草出苗早而集中。

（二）烟草田杂草的发生危害状况

烟草是我国的重要经济作物之一。全国种植面积140多万公顷。其中以云南、贵州、河南种植面积较大，约占全国面积的50%。另外，四川、重庆、湖南、湖北、山东和陕西等地也有大面积种植。

我国烟草种植地域广泛，自然条件差异较大，烟田杂草种类繁多。主要有马唐、狗尾草、千金子、稗、牛筋草、画眉草、看麦娘、早熟禾、狗牙根、繁缕、铁苋菜、苍耳、蒺藜、莎草、碎米莎草、猪殃殃、鸭跖草、马齿苋、龙葵、藜、荠、苦荬菜、蒲公英、田旋花、香附子、荩草、辣子草、小飞蓬、母草、车前、雀舌草和毛茛等。其中以一年生杂草数量最多、危害最重。

烟草种子极小，幼苗生长很慢，在一般情况下，如苗床(畦)发生杂草危害，则影响烟草生长，如移栽田发生杂草危害，烟草长势矮小。特别是烟苗受到藜、蓼、苋、苍耳等高大植株的欺压，或旋花等缠绕蔓茎的侵扰，不仅争肥、争水，还要强烈地争夺阳光。此外，茄科杂草也是烟草花叶病和黑肠病的寄主；一些十字花科杂草及小旋花，则是蚜虫的寄主，而蚜虫又是某些病毒的传媒。覆盖地膜的烟田，往往杂草丛生，甚至顶破地膜，不仅危害烟草生长，还要影响地膜效果。

（三）芝麻田杂草的发生危害状况

芝麻是重要油料作物。芝麻油不仅能食用，而且在工业和医药上也有许多用途。全国年种植面积约 50 万公顷。芝麻在全国各地都有种植，主要产区为河南、湖北、安徽、河北、江西、陕西和山西。由于各地气候条件及栽培制度的不同，分为春芝麻、夏芝麻和秋芝麻种植区。春芝麻主要分布在黄河以北的河北、山西、内蒙古、新疆、陕西北部和东北三省；夏芝麻主要分布在河南、湖北、安徽、山东、江苏等省及陕西南部；秋芝麻主要分布在江西、湖南、浙江、广东、广西、四川、云南和贵州等地。

芝麻田的杂草种类较多，而且因种植地区不同而存在差异。春芝麻产区的主要杂草有马唐、牛筋草、绿狗尾草、野燕麦、马齿苋、藜、反枝苋、田旋花、卷茎蓼、大马蓼、本氏蓼、问荆、苣荬菜等；夏芝麻产区的主要杂草有马唐、稗草、千金子、牛筋草、双穗雀稗、鳢肠、空心莲子草、田旋花、小蓟等；秋芝麻产区的主要杂草有马唐、牛筋草、千金子、画眉草、粟米草、草龙、胜红蓟、白花蛇舌草、竹节草、两耳草、凹头苋、铺地锦、臂形草、莲子草、碎米莎草等。

黄淮芝麻产区85%以上为夏芝麻。苗期，芝麻根系瘦弱，生长较慢，从播种到封垄大约需要40天。其间正值高温高湿，杂草出苗快，长势旺，种类多，尤其是禾本科的牛筋草、狗尾草、稗草、反枝苋等，植株高大，遮阳，危害极其严重，一旦遇到连续阴雨极易造成草荒；加之芝麻种子粒小，幼苗期生长缓慢，芝麻往往因竞争不过杂草而引起严重草害，减产一般在15%～30%，重者导致绝收。若控制了苗期杂草，到7月中下旬后，芝麻进入快速旺长期，由于芝麻的植株高，密度大，对下面的后生杂草有很强的密蔽和控制作用，杂草就不易造成明显危害。因此，芝麻田化学除草的关键是要强调一个"早"字，必须在杂草萌芽时或4叶期以前将其杀死，这样才能避免杂草可能造成的危害。生产上应抓好播种前、播后芽前和苗后早期化学除草。

（四）油菜田杂草的发生危害状况

油菜是重要油料作物。油菜油不仅能食用，而且在工业和医药上也有许多用途。油菜已成为我国第五大作物，常年栽培面积达700万公顷。油菜在全国各地都有种植，主要产区为湖北、安徽、四川、湖南和江苏。由于各地气候条件及栽培制度的不同，分为冬油菜和春油菜种植区。冬油菜区集中分布于长江流域各地及云贵高原，该区无霜期长，一年二熟或三熟，适于油菜秋播夏收，种植面积和产量均占全国的90%，其中以长江中下游、四川盆地为油菜主产区。春油菜种植区，包括青海、内蒙古、新疆、陕西北部和东北三省，面积约占全国的10%左右。

我国油菜田杂草发生危害严重，长江流域油菜田杂草发生危害最重，严重地影响着油菜的丰产与丰收。油菜田的杂草种类较多，而且因种植地区不同而存在差异。冬油菜产区的主要杂草有看麦娘、日本看麦娘、稗草、千金子、棒头草、菵草、早熟禾、牛繁缕、雀舌草、碎米荠、通泉草、稻槎菜、猪殃殃、大巢菜、婆婆纳等。春油菜产区的主要杂草有野燕麦、旱稗、马唐、狗尾草、薄蒴草、密花香薷、遏蓝菜、苣荬菜、藜、灰绿藜、反枝苋、地肤、小蓟、苍耳、苦苣菜、苘麻、田旋花和扁蓄等。

　　油菜在苗期易于受到杂草的危害，常导致成苗株数减少和形成瘦苗、弱苗、高脚苗，抽苔后分枝结荚少，油菜田草害严重地影响着油菜的丰产与丰收。据青海农业科学院测定，每667平方米产200千克的田块，田间野燕麦穗数在7.87万～94.15万穗的范围内，野燕麦密度与油菜籽产量呈现极显著的负相关，野燕麦每增加1万穗，油菜主花序长度则缩短0.402厘米，单株有效分枝减少0.046个，单荚籽粒减少0.06粒。上海崇明县植保站测定，在免耕移栽、肥力中等的油菜田，每平方米有硬草45.5～91株，油菜株高可降低4.02%，有效分枝减少3.9%个，单株结荚减少11.11%，单荚籽粒减少5.32%，千粒重减少0.01%，产量减少15.83%。

二、经济作物田主要杂草种类

　　经济作物杂草发生普遍，种类繁多。据报导经济作物田田间有200多种，常见杂草有50多种。

1. 苋　科 Amaranthaceae

反枝苋 Amaranthus retrofexus L. 人苋菜、西风谷、野苋菜

　　【识别要点】茎直立，单一或分枝。叶菱状卵形或椭圆状卵形，先端锐尖或微凹，基部楔形，全缘或波状缘；花序圆锥状较粗壮，顶生或腋生，由多数穗状花序组成（见图1-1至图1-3）。

　　【生物学特性】一年生草本，种子繁殖。

图1-3　穗

图1-1　单　株 　　　　　图1-2　幼　苗

绿苋 *Amaranthus viridis* L. 皱果苋

【识别要点】　茎直立，常由基部散射出3～5个分枝。叶卵形至卵状椭圆形，先端微凹，叶面常有"V"字型白斑，背面淡绿色。腋生穗状花序（图1-4）。

【生物学特性】
一年生草本，种子繁殖。

图1-4　单　株

青葙 *Celosia argentea* L. 野鸡冠花

【识别要点】茎直立，有分枝。叶互生，叶片披针形或椭圆状披针形，先端急尖或渐尖。穗状花序顶生，圆柱形（图1-5）。

【生物学特点】　一年生草本，种子繁殖。

图1-5　单　株

2. 石 竹 科 Caryophyllaceae

球序卷耳 *Cerastium glomeratum* Thuill. 婆婆指甲菜、

粘毛卷耳

【识别要点】　叶倒卵形或卵圆形，先端圆形或急尖，边缘具缘毛，两面疏被长柔毛。聚伞花序，多花(图1-6)。

【生物学特性】　二年生或一年生草本。

图1-6　单　株

簇生卷耳 *Cerastium caespitosum* Gilib

【识别要点】 茎单一或簇生，有短柔毛。茎生叶匙形或倒卵状披针形，先端急尖，基部渐狭成柄，中、上部叶近无柄，狭卵形至披针形，两面均贴生短柔毛，叶缘有睫毛。二歧聚伞花序顶生(图1-7)。

【生物学特性】 越年生或一年生草本。种子繁殖。

【分布与危害】 分布于全国。

图1-7 单 株

牛繁缕 *Malachium aquaticum* (L.) Fries 鹅儿肠、鹅肠菜

【识别要点】 茎带紫色，茎自基部分枝，上部斜立，下部伏地生根。叶对生，卵形或宽卵形，先端锐尖。聚伞花序顶生（见图1-8至图1-9）。

图1-10 幼 苗

图1-8 单 株　　图1-9 花

【生物学特点】　一至二年生或多年生草本植物。种子和匍匐茎繁殖。

【分布与危害】　分布几乎遍及全国。

3. 藜 科 Chenopod

藜 Chenopodium album L. 灰菜、落藜

【识别要点】　茎直立，高60～120厘米。叶互生，菱状卵形或近三角形，基部宽楔形，叶缘具不整齐锯齿；花两性，数个花集成团伞花簇，花小（见图1-11至图1-13）。

【生物学特性】　种子繁殖。适应性强，抗寒、耐旱，喜肥喜光。从早春到晚秋可随时发芽出苗。种子落地或借外力传播。每株结种子可达22 400粒，种子经冬眠后萌发。

【分布与危害】　全国各地都有分布。

图1-12 花 序

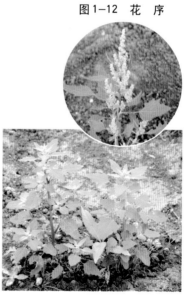

图1-11 单 株　　　　图1-13 幼 苗

小藜 *Chenopodium serotinum* L. 灰条菜、小灰条

【识别要点】 茎直立，高20～50厘米。叶互生，具柄；叶片长

卵形或长圆形，边缘有波状缺齿，叶两面疏生粉粒，短穗状花序，腋生或顶生（图1-14）。

【生物学特性】 种子繁殖、越冬，1年2代。

【分布与危害】 除西藏外，全国各地均有分布。为农田主要杂草。

图1-14 单 株

灰绿藜 *Chenopodium glaucum* L. 灰灰菜、翻白藤

【识别要点】 分枝平卧或斜升。叶互生，长圆状卵圆形至披针形，叶缘具波状齿，上面深绿色，下面有较厚的灰白色或淡紫色粉粒（图1-15）。

【生物学特性】 种子繁殖，一年生或二年生草本。

【分布与危害】分布于东北、华北、西北等地。适生于轻盐碱地。

图1-15 单 株

4.蒺藜科 Zygophyllaceae

蒺藜 *Tribulus terrestris* L.

【识别要点】　植株平卧。茎由基部分枝。双数羽状复叶互生；小叶6～14片，对生，长圆形，先端锐尖或钝。花小，黄色，单生于叶腋；花瓣5。蒴果扁球形，每果瓣具长短棘刺各1对；背面有短硬毛及瘤状突起（见图1-16至图1-19）。

【生物学特性】　种子繁殖，一年生草本。华北地区花期5～8月份，果期6～9月份。

【分布与危害】　分布于全国各地，长江以北最普遍。生活力强，为田间常见杂草。

图1-16　果

图1-17　花

图1-18　单　株

图1-19　幼　苗

5.旋花科 Convolvulaceae

打碗花 *Calystegia hederacea* Wall. ex Roxb. 小旋花

【识别要点】　具白色根茎，茎蔓生缠绕或匍匐分枝。叶互生，具长柄；基部的叶全缘，近椭圆形，先端钝圆，基部心形；茎中、上部的叶三角状戟形。花单生于叶腋，花梗具角棱，萼片5，花冠漏斗状，粉红色或淡紫色。蒴果卵圆形（见图1-20至图1-21）。

【生物学特性】 多年生蔓性草本。地下茎茎芽和种子繁殖。

【分布与危害】 分布全国。在有些地区成为恶性杂草。

图1-20 群 体　　　　　　　　图1-21 幼 苗

田旋花 Convolvulus arvensis L. 箭叶旋花

【识别要点】 具直根和根状茎。茎蔓性，缠绕或匍匐生长。叶互生，有柄；叶片卵状长椭圆形或戟形。花序腋生，花冠漏斗状，红色（图1-22）。

【生物学特性】 多年生缠绕草本，地下茎及种子繁殖。

【分布与危害】 分布于东北、华北、西北、四川等地区。

图1-22 单 株

圆叶牵牛 *Pharbitis purpurea* (L.) Voigt 牵牛花

【识别要点】 茎缠绕多分枝。子叶方形，先端深凹；叶互生，卵圆形，先端尖，基部心形，叶柄长。花序有花1~5朵，萼片5，花冠漏斗状，紫色、淡红色或白色。蒴果近球形（图1-23）。

【生物学特性】 种子繁殖，一年生草本。

【分布与危害】 遍布全国。适应性很广。

图1-23 单 株

6.十字花科 Cruciferae

碎米荠 *Cardamine hirsuta* L.

【识别要点】 茎基部分枝。基生叶有柄，奇数羽状复叶，顶生小叶圆卵形。总状花序顶生，花瓣4，白色。长角果线形（见图1-24至图1-26）。

图1-24 幼 苗　　图1-25 花　　　　图1-26 单 株

【生物学特点】 种子繁殖，越年生或一年生杂草。

【分布与危害】 主要分布于长江流域。

播娘蒿 Descurainia sophia (L.) Schur. 米米蒿、麦蒿

【识别要点】 上部多分枝。叶互生，下部叶有柄，上部叶无柄，2～3回羽状全裂。总状花序顶生，花多数；花瓣4，淡黄色。长角果（图1-27）。

【生物学特性】 一年生或二年生草本。种子繁殖。

【分布与危害】 分布于华北、东北、西北、华东、四川等地。在华北地区是危害小麦的主要恶性杂草之一。据统计，在密度50株／米^{2}时，产量损失达12.4%。

图1-27 单 株

荠菜 Capsella bursa-pastoris (L.) Medic. 荠荠菜

【识别要点】 茎直立，有分枝。基生叶莲座状，大头羽状分裂；茎生叶披针形，基部抱茎，边缘有缺刻或锯齿。总状花序顶生和腋生；花瓣4，白色。短角果，倒心形（图1-28）。

【生物学特性】 种子繁殖。种子和幼苗越冬，一年生或二年生草本。

图1-28 单 株

【分布与危害】　遍布全国。是华北地区麦田主要杂草，形成单优势种群落或与播娘蒿一起形成群落。

7.大戟科 Euphorbiaceae

铁苋 *Acalypha australis* L. 海蚌含珠

【识别要点】　茎直立，有分枝。单叶互生，叶具柄，卵状披针形或长卵圆形。穗状花序腋生（见图1-29至图1-32）。

【生物学特性】　一年生种子繁殖。

【分布与危害】　分布遍及全国。

图1-29　幼　苗

图1-30　果　实

图1-31　穗

图1-32　单　株

8.牻牛儿苗科 Geraniaceae

野老鹳草 *Geranium carolinianum* L.

【识别要点】　茎直立或斜生，有倒向下的密柔毛，有分枝。叶圆肾形，下部互生，上部对生，5~7深裂，每裂又3~5裂，小裂片线形，先端尖，两面有柔毛。花成对集生于茎端或叶腋，花序柄短或几无柄；花瓣淡红色（见图1-33至图1-36）。

【生物学特性】 多年生草本植物。花果期4~8月份。种子繁殖。

【分布与危害】 喜生于荒地、路旁草丛中，为夏收作物田中常见之杂草。对麦类及油菜等作物轻度危害。分布于河南、江苏、浙江、江西、四川及云南。

图1-33 幼 苗

图1-34 花、叶

图1-35 单 株

图1-36 花、果

9.锦葵科

苘麻 Abutilon theophrasti Medie. *白麻、青麻*

【识别要点】 茎直立，上部有分枝，具柔毛。叶互生，圆心形，先端尖，基部心形，两面密生星状柔毛，叶柄长。花单生叶腋，花瓣5，黄色。蒴果半球形（图1-37）。

【生物学特性】　一年生，种子繁殖。

【分布与危害】　全国遍布。适生于较湿润而肥沃的土壤。

图1-37　单　株

野西瓜苗 *Hibiscus trionum* L.

【识别要点】　茎柔软，常横卧或斜生，被白色星状粗毛。叶互生，下部叶圆形，上部叶掌状3～5全裂；裂片倒卵形，通常羽状分裂，中裂片最长，边缘具齿，两面有星状粗刺毛；叶柄细长。花单生叶腋。蒴果长圆状球形（图1-38）。

【生物学特性】　一年生草本。种子繁殖。

【分布与危害】　分布广泛。适生于较湿润而肥沃的农田，亦较耐旱，为旱作物地常见杂草，生长在棉花、玉米、蔬菜、果树等作物地。

图1-38　单　株

17

10.马齿苋科 Portulacaceae

马齿苋 *Portulaca oleracea* L.

【识别要点】 肉质，茎伏卧，深绿色；叶楔状长圆形或倒卵形。花小，无梗，3~5朵生于枝顶端；花萼2片；花瓣5瓣，黄色。

【生物学特性】 一年生草本植物。春、夏季都有幼苗发生，盛夏开花，夏末秋初果熟；果实种子量极大（见图1-39至图1-41）。

【分布与危害】 遍及全国，为秋熟旱作物田的主要杂草。喜生于较肥沃而湿润的农田，也很耐旱，拔掉暴晒数日而不死。

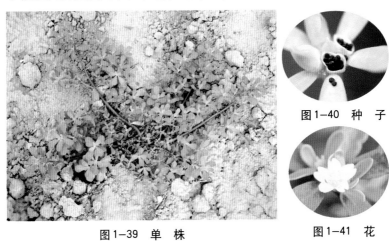

图1-40 种 子

图1-39 单 株

图1-41 花

11.茜草科 Rubiaceae

猪殃殃 *Galium aparine* L. var. tenerum (Gren.et Godr.) Rcbb.

【识别要点】 茎四棱形，茎和叶均有倒生细刺。叶6~8片轮生，线状倒披针形，顶端有刺尖。聚伞花序顶生或腋生（见图1-42至图1-46）。

【生物学特性】　种子繁殖，以幼苗或种子越冬，二年生或一年生，蔓状或攀援状草本。

【分布与危害】　分布广泛。为夏熟旱作物田恶性杂草。华北及淮河流域地区麦和油菜田有大面积发生和危害。攀援作物，不仅和作物争阳光、争空间，且可引起作物倒伏，造成更大的减产，并且影响作物的收割。

图1-43　枝

图1-44　幼　苗

图1-42　果

图1-45　花

图1-46　群　体

12.玄参科 Scrophulariaceae

婆婆纳 *Veronica didyma* Tenore

【识别要点】　茎自基部分枝成丛，纤细，匍匐或向上斜生。叶对生，具短柄；叶片三角状圆形，边缘有稀钝锯齿。总状花序顶生；

花萼4片，深裂，花冠淡紫色（图1-47）。

【生物学特性】 种子繁殖，越年生或一年生。

【分布与危害】 分布于中南各省区。

图1-47 单 株

阿拉伯婆婆纳 Veronica persica Poir. 波斯婆婆纳

【识别要点】 茎基部多分枝，下部伏生地面。叶在茎基部对生，上部互生，卵圆形及肾状圆形，缘具钝锯齿。花有柄，花萼4片深裂；花冠淡蓝色（图1-48）。

【生物学特性】 种子繁殖，二年或一年生草本。

【分布与危害】 为夏熟作物田杂草，在长江沿岸及其以南的西南地区的旱地发生较多，危害较重，防除也较为困难。

图1-48 单 株

13. 茄　科 Solanaceae

苦蘵 *Physalis angulata* L. 灯笼草、毛酸浆

【识别要点】　茎直立，多分枝。叶片卵形至卵状椭圆形。花较小，花冠淡黄色，喉部常有紫色斑纹。浆果球形（图1-49）。

【生物学特性】　种子繁殖，一年生草本，4～7月份出苗，6～9月份开花，7～10月份逐渐成熟。

【分布与危害】　分布于我国中南地区。

图1-49　单　株

龙葵 *Solanum nigrum* L. 野茄秧、老鸦眼子

【识别要点】　茎直立，多分枝。叶卵形，先端短尖，叶基楔形至阔楔形向下延至叶柄。聚伞花序腋外生；花冠白色5深裂（图1-50）。

【生物学特性】种子繁殖，一年生直立草本。

【分布与危害】广布全国。

图1-50　单　株

14.菊 科 Compositae

小蓟 *Cephalanoplos segetum* (Bunge) Kitsm. 刺儿菜

【识别要点】 茎直立，高20～50厘米。叶互生，具柄；叶片长卵形或长圆形，边缘有波状缺齿，叶两面疏生粉粒，短穗状花序，腋生或顶生（图1-51）。

【生物学特性】 种子繁殖、越冬，1年2代。

【分布与危害】 除西藏外，全国各地均有分布。是农田主要杂草。

图1-51 单 株

大蓟 *Cephalanoplos segetum* (Willd.) Kitam.

【识别要点】 成株茎直立，上部有分枝。中部叶长圆形、椭圆形至椭圆状披针形，先端钝形，有刺尖，边缘有缺刻状粗锯羽状浅裂，有细刺。雌雄异株，头状花序集生于顶部（图1-52）。

【生物学特性】 多年生草本。

【分布与危害】 分布广泛。

图1-52 单 株

苍耳 *Xanthium sibiricum* Patrin.

【识别要点】　茎直立。叶互生，具长柄；叶片三角状卵形或心形，叶缘有缺刻及不规则的粗锯齿。头状花序腋生或顶生。瘦果稍扁（见图1-53至图1-55）。

【生物学特性】　种子繁殖，一年生草本。

【分布与危害】　分布于全国各地。生于旱作物田间、果园。局部地区危害较重。

图1-53　单　株

图1-54　果

图1-55　幼　苗

鳢肠 *Eclipta prostrata* L. 旱莲草、墨草

【识别要点】　茎直立或匍匐，基部多分枝，下部伏卧，节处生根。叶对生，叶片椭圆状披针形，全缘或略有细齿，基部渐狭而无柄，两面被糙毛。头状花序有梗，总苞5～6层，绿色，被糙毛；外围花舌状，白色；中央花管状，4裂，黄色。

【**生物学特点**】 种子繁殖，一年生草本。5~6月份出苗，7~8月份开花结果，8~11月份果实渐次成熟。子实落于土壤或混杂于有机肥料中再回到农田。喜湿耐旱，抗盐耐瘠、耐荫。具有很强的繁殖力（见图1-56至图1-59）。

【**分布与危害**】 分布于全国。为棉花、水稻田等危害严重的杂草，在局部地区已成为恶性杂草。

图1-56 果　　　图1-57 花

图1-58 单 株　　　图1-59 幼 苗

苣荬菜 *Sonchus brachyotus* DC. 曲荬菜

【**识别要点**】 全体含乳汁。茎直立，高30~100厘米，上部分枝或不分枝，绿色或带紫红色，有条棱，基生叶簇生，有柄，茎生叶互生，无柄，基部抱茎；叶片长圆状披针形或宽披针形，长6~20厘米，宽1~3厘米，边缘有稀疏缺刻或羽状浅裂，缺刻或裂片上有尖齿，两面无毛，绿色或蓝绿色，幼时常带红色，中脉白色，宽而明显。头状花序顶生，直径2~4厘米；花序梗与总苞均被白色绵毛；总苞钟状，苞片3~4层，外层短于内层；花全为舌状花，鲜黄色。瘦果长椭圆形（见图1-60至图1-62）。

【生物学特性】　多年生草本。以根茎和种子繁殖。根茎多分布于5~20厘米的土层中，质脆易断，每断体都能长成新的植株，耕作或除草能促进其萌发。北方农田4~5月份出苗，终年不断。花果期6~10月，种子7月即渐次成熟飞散，秋季或翌年春萌发，第2~3年抽茎开花。

【分布与危害】　为区域性恶性杂草，危害棉花、油菜、甜菜、豆类、小麦、玉米、谷子、蔬菜等作物。亦是果园杂草。在北方有些地区发生量大，危害重，也是蚜虫的越冬寄主。分布于东北、华北、西北、华东、华中及西南地区。

图1-60　花

图1-61　幼　苗

图1-62　单　株

15.莎草科 Cyperaceae

香附子 *Cyperus rotundus* L. 莎草

【识别要点】　根状茎细长，顶生椭圆形褐色块茎。秆三棱形，直

立。叶基生，比秆短。长侧枝聚伞花序，有 3～6 个开展的辐射枝（见图 1-63 至图 1-66）。

【生物学特性】　块茎和种子繁殖，多年生草本。4 月份发芽出苗，6～7 月份抽穗开花，8～10 月份结子、成熟。

【分布与危害】　主要分布于中南、华东、西南热带和亚热带地区，河北、山西、陕西、甘肃等地也有。是秋熟旱作物田杂草。喜生于湿润疏松性土壤上，砂土地发生较为严重。

图 1-63　块　茎

图 1-64　穗

图 1-65　幼　苗

图 1-66　单　株

16. 禾本科 Gramineae

看麦娘 Alopecurus aequalis Sobol.　麦娘娘、棒槌草

【识别要点】　株高 15～40 厘米。秆疏丛生，基部膝曲。叶鞘短于节间，叶舌薄膜质。圆锥花序，灰绿色，花药橙黄色（见图 1-67 至图 1-69）。

【生物学特性】　种子繁殖，越年生或一年生草本。苗期11月份至翌年2月份，花果期4～6月份。

【分布与危害】　适生于潮湿土壤，主要分布于中南各省。主要危害稻茬麦田、油菜等作物。看麦娘繁殖力强，对小麦易造成较重的危害。

图1-67　穗

图1-68　单　株

图1-69　幼　苗

日本看麦娘 *Alopecuruss japonicuss* Steud.

【识别要点】　成株高20～50厘米。须根柔弱；秆少数丛生。叶鞘松弛，其内常有分枝；叶舌薄膜质，叶片质地柔软、粉绿色。圆锥花序圆柱状，黄绿色，小穗长圆状卵形。颖果半圆球形（见图1-70至图1-72）。

【生物学特性】　种子繁殖，一年或二年生草本，其基本生物学特性与看麦娘相似。以幼苗或种子越冬。在长江中下游地区，10月下旬出苗，冬前可长出5～6叶，越冬后于2月中下旬返青，3月中下旬拔节，4月下旬至5月上旬抽穗开花，5月下旬开始成熟。子实随熟随落，带稃颖漂浮水面传播。

【分布与危害】　主要分布于华东、中南的湖北、江苏、浙江、广

27

西及西北的陕西等地。多生长于稻区中性至微酸性黏土或壤土的低、湿麦田。另外，也危害油菜、绿肥。

图1-70 穗

图1-71 单 株

图1-72 幼 苗

野燕麦 *Avena fatua* L. 燕麦草

【识别要点】 株高30~120厘米。单生或丛生，叶鞘长于节间，叶鞘松弛；叶舌膜质透明。圆锥花序，开展，长10~25厘米；小穗长18~25毫米，花2~3朵（图1-73）。

【生物学特性】 种子繁殖，越年生或一年生草本。秋、春季出苗，4月份抽穗，5月份成熟。生长快，强烈抑制作物生长。

【分布与危害】 分布于全国，以西北、东北地区危害最为严重。适生于旱作物地，为麦田重要杂草。

图1-73 单 株

菵草 *Beckmannia syzigachne* (steud.) Fernald.

【识别要点】 秆丛生，直立，不分枝，株高15～90厘米。叶鞘无毛，多长于节间；叶片阔条形，叶舌透明膜质。圆锥花序，狭窄，分枝稀疏，直立或斜生；小穗两侧压扁，近圆形，灰绿色（图1-74）。

【生物学特性】 种子繁殖，一年生或越年生草本。冬前或早春出苗，4～5月份开花，5～6月份成熟。

【分布与危害】 主要分布于长江流域。为稻茬麦田主要杂草，在局部地区成为恶性杂草。

图1-74 单　株

马唐 *Digitaria sanguinalis* (Linn.) Scop 秧子草

【识别要点】 秆丛生，基部展开或倾斜，着土后节易生根或具秆丛生，基部展开或倾斜，着土后节易生根或具分枝。叶鞘松弛抱茎，大部分短于节间；叶舌膜质，黄棕色，先端钝圆。总状花序3～10个，长5～18厘米，上部互生或呈指状排列于茎顶，下部近于轮生（见图1-75至图1-77）。

图1-75 单　株

【生物学特性】 种子繁殖，一年生草本。苗期4~6月份，花果期6~11月份。种子边成熟边脱落，繁殖力很强。

图1-76 穗

图1-77 幼 苗

牛筋草 *Eleusine indica* (L.) Gaertn. 蟋蟀草

【识别要点】 根稠而深，难拔。秆丛生，基部倾斜向四周开展。叶鞘压扁，有脊，鞘口常有柔毛。穗状花序簇生于秆顶（见图1-78至图1-80）。

【生物学特性】 种子繁殖，一年生草本。

图1-78 花 序

图1-79 幼 苗　　　　图1-80 单 株

【分布与危害】　遍布全国，为秋熟旱作物田的恶性杂草。

稗草 Echinochloa Crusgalli (L.) Beauv.

【识别要点】　秆直立或基部膝曲。叶条形，无叶舌。圆锥花序塔形，分枝为穗形总状花序，并生或对生于主轴（见图1-81至图1-84）。

【生物学特性】　种子繁殖，一年生草本。

【分布与危害】　适生于水田，在条件好的旱田发生也多，适应性强。常生于水田，在条件好的旱田发生也多，适应性强。

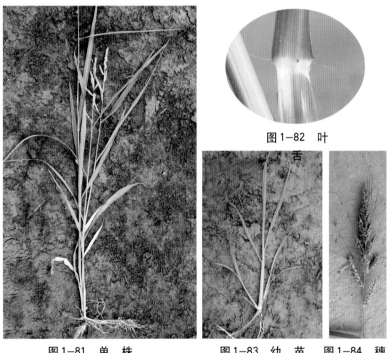

图1-82　叶舌

图1-81　单　株　　　图1-83　幼　苗　图1-84　穗

千金子 Leptochloa chinensis (L.) Ness.

【识别要点】　秆丛生，直立，基部膝曲或倾斜。叶鞘无毛，多短于节间；叶舌膜质，撕裂状，有小纤毛；叶片扁平或多少卷折，先端渐尖。圆锥花序（见图1-85至图1-86）。

【生物学特性】 种子繁殖，一年生草本。

【分布与危害】 分布于中南各地。为湿润秋熟旱作物和水稻田的恶性杂草。

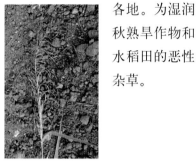

图1-85 单 株　　　图1-86 穗

狗尾草 *Setaria viridis* (L.) Beauv. 绿狗尾草、谷莠子

【识别要点】 株高20～60厘米，丛生，直立或倾斜，基部偶有分枝。叶舌膜质，具环毛；叶片线状披针形。圆锥花序紧密，呈圆柱状（见图1-87至图1-88）。

【生物学特性】 种子繁殖，一年生草本。比较耐旱、耐瘠。4～

图1-87 幼 苗

图1-88 单 株

5月份出苗，5月份中下旬形成高峰，以后随降雨和灌水还会出现小高峰；7~9月份陆续成熟，种子经冬眠后萌发。

【分布与危害】　遍布全国。为秋熟旱作物田主要杂草之一。

狗牙根 *Cynodon dactylon* (L.) Pers.

【识别要点】　有地下根茎。茎匍匐地面。叶鞘有脊，鞘口常有柔毛，叶舌短，有纤毛；叶片线形，互生，下部因节间短缩似对生。穗状花序，3~6枚呈指状簇生于秆顶；小穗灰绿色或带紫色（图1-89）。

【生物学特性】　多年生草本。以匍匐茎繁殖为主。

【分布与危害】　分布于黄河流域及以南各地。为果园、农田的主要杂草之一。植株的根茎和茎着土即生根复活，难以防除。

图1-89　单　株

棒头草 *Polypogon fugax* Ness er Steud.

【识别要点】　成株秆丛生，光滑无毛，株高15~75厘米。叶鞘光滑无毛；叶舌膜质，长圆形，常2裂或顶端呈不整齐的齿裂；叶片扁平，微粗糙或背部光滑。圆锥花序穗状，长圆形或兼卵形，较疏松，具缺刻或有间断；小穗灰绿色或部分带紫色；颖几相等，长圆形，全部粗糙，先端2浅裂；芒从裂口伸出，细直，微粗糙。颖果椭圆形（图1-90）。

【生物学特性】 种子繁殖，一年生草本，以幼苗或种子越冬。

【分布与危害】 除东北、西北外几乎分布于全国各地。多发生潮湿地。为夏熟作物田杂草，主要危害小麦、油菜、绿肥和蔬菜等作物。

图1-90 单 株

蜡烛草 *Phleum paniculatum* Huds. 假看麦娘

【识别要点】株高15～50厘米，秆丛生，直立或斜生，具3～4节。叶片扁平，多斜向上生；叶鞘短于节间，叶舌膜质。圆锥花序紧密呈圆柱状，幼时绿色，成熟后变黄。颖果瘦小（图1-91）。

图1-91 单 株

【生物学特性】 种子繁殖，越年生或一年生草本。秋季或早春出苗，春、夏季抽穗成熟。

【分布与危害】 分布于我国长江流域和山西、河南、陕西等地。多生于潮湿处、麦田中。

碱茅 *Puccinellia distans* (Linn) Parl 铺茅

【识别要点】 株高20～30厘米，秆丛生，直立或基部平卧，常压扁，具3节。叶鞘光滑无毛，长于节间；叶舌干膜质，先端截平或具齿裂；叶片扁平或对折。圆锥花序开展，绿色或草黄色，分枝细长，平展或下垂，微粗糙，下部裸露。颖果纺锤形（图1-92）。

【生物学特性】 多年生草本，种子繁殖，幼苗和种子越冬，花果期5～8月份。

【分布与危害】 主要分布于华北。低湿盐碱地常见，菜田、麦田和果园常见。

图1-92 单 株

第二章　经济作物田除草剂应用技术

一、经济作物田主要除草剂性能比较

(一)棉花田主要除草剂性能比较

在棉花田登记使用的除草剂单剂约22个(如表2-1)。以化学结构来分类,酰胺类有5种、二硝基苯胺类有3种、环已烯酮类有2种、苯氧基芳氧基丙酸类有5种,其他7种。目前,以乙草胺、异丙甲草胺、精喹禾灵、高效氟吡甲禾灵等的使用量较大,另外资料报道嗪草硫醚、三氟啶磺隆也可以用于棉花田防治多种杂草。

表2-1　棉花田登记的除草剂单剂

序号	通用名称	制　剂	登记参考制剂用量（克、毫升/667米²）
1	乙草胺	50%乳油	120~150
2	甲草胺	480克/升乳油	250~300
3	异丙甲草胺	720克/升乳油	100~150
4	精异丙甲草胺	960克/升乳油	60~100
5	敌草胺	50%可湿性粉剂	150~250
6	扑草净	50%可湿性粉剂	100~150
7	氟乐灵	48%乳油	75~150
8	地乐胺	48%乳油	200~250
9	二甲戊灵	45%微胶囊剂	110~140
10	乙氧氟草醚	240克/升乳油	40~60
11	精喹禾灵	10%乳油	30~40
12	精吡氟禾草灵	150克/升乳油	33~66
13	吡氟禾草灵	35%乳油	50~100
14	高效氟吡甲禾灵	10.8%乳油	25~35

续表 2-1

序号	通用名称	制　剂	登记参考制剂用量（克、毫升 /667 米^2）
15	精恶唑禾草灵	6.9% 水乳剂	50～60
16	烯禾啶	12.5% 乳油	80～100
17	草甘膦钾盐	613 克 / 升水剂	81～180
18	敌草隆	50% 可湿性粉剂	100～150
19	草甘膦铵盐	75.7% 可溶粒剂	66～145
20	草甘膦异丙胺盐	41% 水剂	150～250
21	草甘膦	10% 水剂	500～1100
22	百草枯	200 克 / 升水剂	100～200

注：表中用量未标明春棉花、夏棉花田用量，施药时务必以产品标签或当地实践用量为准

（二）烟草田主要除草剂性能比较

在烟草田登记使用的除草剂单剂仅 5 个(如表 2-2)，资料报导的烟田除草剂较多较乱。烟田常用除草剂的除草谱和除草效果比较见表 2-3。

表 2-2　烟草田登记的除草剂单剂

序号	通用名称	制　剂	登记参考制剂用量(克、毫升 /667 米^2)
1	精异丙甲草胺	960 克 / 升乳油	60～85
2	萘丙酰草胺	50% 干悬浮剂	200～266
3	砜嘧磺隆	25% 水分散粒剂	5～6
4	二甲戊灵	45% 微胶囊剂	150～200
5	精喹禾灵	10.8% 乳油	30～40

注：表中用量未标明各地烟草田用量，施药时务必以产品标签或当地实践用量为准

表 2-3　烟田常用除草剂的性能比较

除草剂	用药量（有效成分，克 /667 米^2）	除草谱								不良环境下安全性
		稗草	狗尾草	马唐	酸模叶蓼	反枝苋	藜	龙葵	苘麻	
异丙甲草胺	75～100	优	优	优	良	优	优	良	差	幼苗叶受轻微抑制
甲草胺	100～150	优	优	优	良	优	优	良	差	幼苗叶受轻微抑制

续表 2-3

| 除草剂 | 用药量（有效成分，克/667米²） | 除草谱 | | | | | | | | 不良环境下安全性 |
		稗草	狗尾草	马唐	酸模叶蓼	反枝苋	藜	龙葵	苘麻	
乙草胺	50~150	优	优	优	优	优	优	良	中	幼苗生长抑制
异丙草胺	75~100	优	优	优	良	优	优	良	差	幼苗生长抑制
萘丙酰草胺	75~100	优	优	优	优	优	优	差	中	幼苗生长抑制
甲草胺	75~100	优	优	优	差	优	优	差	差	幼苗生长抑制
二甲戊乐灵	50~100	优	优	优	差	优	优	差	差	幼苗生长抑制
砜嘧磺隆	1~1.5	优	优	优	良	优	优	优	优	安全性差
扑草净	35~50	中	中	中	优	优	优	优	良	安全性差，用量略大药害较重
乙氧氟草醚	15~20	优	优	差	优	优	优	优	优	幼苗叶片斑点性药害
恶草酮	25~30	优	优	差	优	优	优	优	优	幼苗叶片斑点性药害
砜嘧磺隆	1~2	优	优	差	优	优	优	优	优	安全性差，定向喷雾
精喹禾灵	4~6	优	优	优						安全
精吡氟禾草灵	5~10	优	优	优						安全
高效吡氟甲禾灵	2~4	优	优	优						安全
稀禾定	6~12	优	优	优						安全
烯草酮	2~5	优	优	优						安全

（三）芝麻田主要除草剂性能比较

目前，芝麻田国家登记生产的除草剂有精异丙甲草胺、精喹禾灵，资料报导的除草剂种类较多较乱；农民生产上常用的除草剂种类有乙草胺、甲草胺、异丙甲草胺、精异丙甲草胺、异丙草胺、二甲戊乐灵、氟乐灵、地乐胺、扑草净、精喹禾灵、精吡氟禾草灵、高效氟吡甲禾灵，另外还有恶草酮、乙氧氟草醚等，生产中应注意除草剂对芝麻的安全性；生产中应根据各地情况，采用适宜的除草剂种类和施药方法。

芝麻田主要除草剂的除草谱和除草效果比较见表 2-4。

表2-4　芝麻田常用除草剂的性能比较

除草剂	用药量 (有效成分， 克/667米²)	稗草	狗尾草	马唐	酸模叶蓼	反枝苋	藜	龙葵	苘麻	不良环境下安全性
异丙甲草胺	75～100	优	优	优	良	优	优	良	差	幼苗叶受轻微抑制
精异丙甲草胺	50～70	优	优	优	良	优	优	良	差	幼苗叶受轻微抑制
甲草胺	100～150	优	优	优	良	优	优	良	差	幼苗叶受轻微抑制
乙草胺	50～150	优	优	优	优	优	优	良	中	幼苗生长抑制
异丙草胺	75～100	优	优	优	良	优	优	良	差	幼苗生长抑制
萘丙酰草胺	75～100	优	优	优	优	优	优	差	中	幼苗生长抑制
甲草胺	75～100	中	中	中	差	优	优	差	差	幼苗生长抑制
二甲戊乐灵	50～100	优	优	优	差	优	优	差	差	幼苗生长抑制
精喹禾灵	4～6	优	优	优						安全性差
精吡氟禾草灵	5～10	优	优	优						安全
高效吡氟甲禾灵	2～4	优	优	优						安全
稀禾定	6～12	优	优	优						安全
烯草酮	2～5	优	优	优						安全

(四)油菜田主要除草剂性能比较

在油菜田登记使用的除草剂单剂约24个见表2-5。以化学结构来分类，酰胺类有4种、环已烯酮类有2种、苯氧基芳氧基丙酸类有6种，其他12种。目前，以乙草胺、异丙甲草胺、精喹禾灵、高效氟吡甲禾灵、草除灵等的使用量较大。

表2-5　油菜田登记的除草剂单剂

序号	通用名称	制剂	登记参考制剂用量(克、毫升/667米²)
1	乙草胺	50%乳油	120～150
2	精异丙甲草胺	960克/升乳油	60～100
3	异丙草胺	720克/升乳油	125～175
4	R-左旋敌草胺	25%可湿性粉剂	50～60
5	胺苯磺隆	5%可湿性粉剂	30～40
6	氟乐灵	48%乳油	180～200
7	精喹禾灵	10%乳油	30～40
8	精吡氟禾草灵	150克/升乳油	33～66
9	吡氟禾草灵	35%乳油	50～100

续表 2-5

序号	通用名称	制剂	登记参考制剂用量(克、毫升 /667 米²)
10	高效氟吡甲禾灵	10.8% 乳油	20～30
11	精噁唑禾草灵	6.9% 水乳剂	40～50
12	喹禾糠酯	40 克 / 升乳油	60～90
13	烯禾啶	12.5% 乳油	80～100
14	烯草酮	24% 乳油	17.5～20
15	二氯吡啶酸	75% 可溶性粒剂	9～16
16	草除灵	500 克 / 升悬浮剂	26～40
17	丙酯草醚	10% 乳油	40～50
18	吡喃草酮	10% 乳油	25～40
19	草甘膦钾盐	613 克 / 升水剂	81～180
20	草甘膦铵盐	75.7% 可溶粒剂	66～145
21	草甘膦异丙胺盐	41% 水剂	150～250
22	草甘膦	10% 水剂	500～1100
23	百草枯	200 克 / 升水剂	100～200
24	敌草快	20% 水剂	83～150

注：表中用量未标明春油菜、冬油菜田用量，施药时务必以产品标签或当地实践用量为准

二、经济作物田酰胺类除草剂应用技术

酰胺类除草剂是经济作物田最为重要的除草剂，常用的品种有乙草胺、异丙甲草胺、异丙草胺、丁草胺、甲草胺等。

(一)经济作物田常用酰胺类除草剂的特点

①防治一年生禾本科杂草的特效除草剂，对阔叶杂草的防效较差。②抑制种子发芽和幼芽生长而最终死亡，应在作物播后芽前、杂草发芽前施药，也可以在作物生长期、杂草发芽前定向施药，用于防治一年生杂草幼芽。③除草效果受墒情、土壤特性影响较大。④在土壤中的持效期中等，一般为 1～2 个月。⑤耐雨水性能较强，阳光高温下易挥发。

（二）经济作物田酰胺类除草剂的防治对象

　　酰胺类除草剂是土壤封闭处理剂，抑制种子发芽和幼芽生长，使幼芽严重矮化而最终死亡（如图2-1和图2-2）。酰胺类除草剂是有效防治马唐、狗尾草、牛筋草、稗草、画眉草等一年生禾本科杂草的特效除草剂；对苘麻、小藜、反枝苋等阔叶杂草的防效较差，对马齿苋、铁苋效果很差；对多年生杂草无效。

图2-1　乙草胺芽前施药防治狗尾草的受害死亡症

图2-2　乙草胺芽前施药防治马唐的受害死亡症状表现过程

（三）经济作物田酰胺类除草剂的药害与安全应用

　　酰胺类除草剂主要抑制根与幼芽生长，造成幼苗矮化与畸形，株整体生长发育缓慢，植株矮小、发育畸型；叶尖或中脉发育受阻，叶片中脉变短，叶片皱缩、粗糙，产生心脏形叶，如"鸡心叶"、"绳形叶"，心叶变黄，叶缘生长受抑制，出现杯状叶，常发生叶色暗绿；苗期施药，会产生药斑，对植物生长产生不同程度的抑制作用；一般情况下药害可以恢复生长，重者可致生长受阻、减产、甚至死亡。症状见图2-3至图2-10。

图2-3　在棉花播后芽前，持续低温高湿条件下过量施用50％乙草胺乳油16天后的药害症状　棉花出苗缓慢，矮化，生长受到较重的抑制

图2-4　在棉花播后芽前，遇持续低温高湿条件，过量施用50％乙草胺乳油16天后的药害症状　棉花出苗缓慢，矮化，生长受到抑制，根的生长受到抑制，须根减少，根毛减少

图2-5　在棉花播后芽前，遇持续低温高湿条件，过量施用72％异丙甲草胺乳油10天后的药害症状　棉花生长缓慢、矮化、生长受抑制，根的生长受到抑制，须根、根毛减少

图2-6　在棉花播后芽前，遇持续低温高湿条件，过量施用72％异丙甲草胺乳油18天后的药害症状　棉花生长缓慢、矮化、生长受抑，根的生长受到抑制，须根、根毛减少。棉花长势受到较大的影响，但多数15～20天后逐渐恢复生长，个别植株矮缩、黄化、死亡

图2-7　在棉花生长期，遇高温干旱条件，茎叶喷施50％乙草胺乳油100毫升／667米²6天后的药害症状　棉花叶片黄褐斑进一步扩大，发生深褐斑点，药害较轻时不伤及心叶，对棉花长势影响不大

图 2-8　在棉花生长期，遇高温干旱条件，茎叶喷施 50% 乙草胺乳油 6 天后的药害症状　棉花叶片出现不同程度的深褐斑点，长势受到不同程度的影响，个别棉株叶片大量死亡

图 2-9　油菜播后芽前施用异丙甲草胺药害对比

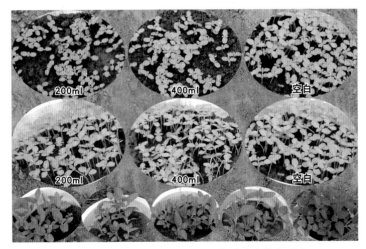

图 2-10　芝麻播后芽前施用 50% 乙草胺乳油药害对比

（四）经济作物田酰胺类除草剂的应用方法

酰胺类除草剂中大多数品种都是防治一年生禾本科杂草的特效除草剂，而对阔叶杂草次之，对多年生杂草的防效很差。是优秀的土壤封闭处理剂，必须掌握在杂草发芽出苗前施药。

除草效果受墒情影响较大，墒情好除草效果好，墒情差时除草效果差。除草效果和用量均与土壤特性、特别是有机质含量及土壤质地有密切关系；黏土地、有机质含量较高地块要适当加大药量。施药后如遇持续低温、暴雨及土壤高湿，对作物易于产生药害，表现为叶片扭曲、生长缓慢，随着温度的升高，便逐步恢复正常。苗期施药应在天气正常、棉花和烟草生长良好的下午定向施药，天气高温干旱正午时施药易于发生药害。该类药剂耐雨水性能较强，但阳光高温下易挥发。各种药剂用法与用量见表2-6。

表2-6　经济作物田酰胺类除草剂品种与参考方法

品种与剂型	播后芽前(毫升/667米^2)	花生苗期(毫升/667米^2)
50%乙草胺乳油	100～200	100～120
72%异丙甲草胺乳油	150～250	150～200
50%异丙草胺乳油	150～250	150～200
60%丁草胺乳油	200～300	150～200
48%甲草胺乳油	150～250	150～200

注：上表用量和用法仅供参考，具体施药方法参见后面的说细介绍

三、经济作物田磺酰脲类和嘧啶苯甲酸酯类

除草剂应用技术

磺酰脲类和嘧啶苯甲酸酯类除草剂具有相似的除草特点，是经济作物田重要的除草剂，常用的品种棉花田有嘧草硫醚、三氟啶磺隆，烟草田有砜嘧磺隆，油菜田有胺苯磺隆等。

(一)经济作物田常用磺酰脲类和嘧啶苯甲酸酯类除草剂的特点

①活性极高，杀草谱广。②选择性强，每个品种均有相应的适用时期和除草谱，正确施药情况下对作物安全、对杂草高效。③使用方便，该类药剂可以为杂草的根、茎、叶吸收，既可以土壤处理，也可以进行茎叶处理。④对植物的主要作用靶标是乙酰乳酸合成酶。植物受害后生长点坏死、叶脉失绿、植物生长严重受抑制、矮化、最终全株枯死。⑤易于被雨水淋溶而影响除草效果。

(二)经济作物田磺酰脲类和嘧啶苯甲酸酯类除草剂的防治对象

胺苯磺隆可以用于油菜田防治阔叶杂草和禾本科杂草。可以有效防治牛繁缕、碎米荠、播娘蒿、荠菜、遏蓝菜、大巢菜、苋、藜等杂草。三氟啶磺隆可以用在棉田控制一年生禾本科杂草、阔叶杂草和莎草科杂草，对3叶期以下的禾本科杂草如牛筋草、狗尾草、稗草及真叶期左右的阔叶杂草如反枝苋、藜、酸浆等均有理想的防效，对马唐、马齿苋、铁苋防效较差，对田旋花防效一般，对叶龄较大的禾本科杂草以及铁苋、龙葵、马齿苋效果较差。砜嘧磺隆定向喷雾可以用于烟田有效防除大多数一年生和多年生禾本科及阔叶杂草。可防治狗尾草、金狗尾草、野燕麦、野高粱、牛筋草、野黍、藜、风花菜、鸭跖草、荠菜、马齿苋、猪毛菜、狼把草、反枝苋、野西瓜苗、豚草、苣荬菜、铁苋菜、苘麻、鼬瓣花、刺儿菜、鳢肠、莎草等。嘧草硫醚可以用于棉田防治一年生和多年生禾本科杂草和大多数阔叶杂草，对难除杂草如各种牵牛花、苍耳、苘麻、刺黄花稔、田菁、阿拉伯高粱等均有很好的防除效果。

（三）经济作物田磺酰脲类和嘧啶苯甲酸酯类除草剂的药害与安全应用

胺苯磺隆可以用于油菜田，三氟啶磺隆、嗪草硫醚可以用于棉田，砜嘧磺隆定向喷雾可以用于烟田，一般情况下对作物比较安全，但是，用量较大或施药不匀时会发生药害，特别是胺苯磺隆、三氟啶磺隆易于发生药害。

该类除草剂的药害症状主要是抑制根和茎生长点生长、减少根数量，影响作物的正常生长发育，重者可致死亡。药害持续时期较长，甚至到作物收获时才表现出对产量和品质的影响。症状见图2－11和图2－12。

图2－11　在油菜播后芽前，过量喷施10％胺苯磺隆可湿性粉剂23天的药害症状　油菜基本上正常出苗，苗后生长受到抑制

图2－12　三氟啶磺隆对棉花的药害症状比较

（四）经济作物田磺酰脲类等除草剂的应用方法

嗪草硫醚主要用于棉花田苗前及苗后除草，土壤处理和茎叶处

理均可，可以用 20% 水分散粒剂 3～9 克 /667 米²。苗后需同表面活性剂等一起使用。在冷凉、多云及湿润条件下使用，棉花有失绿及矮化现象产生。嘧草硫醚与马拉硫磷、毒死蜱、乙酰甲胺磷、联苯菊酯、顺式氰戊菊酯等混用会加重对棉花的危害。

三氟啶磺隆，在棉花 30～40 厘米，杂草 4～6 叶期，用 75% 三氟啶磺隆水分散粒剂 1.5～5 克 /667 米²，对水 40 升喷雾，最好不要喷施到棉花心叶。三氟啶磺隆喷施到棉花上，5 天后上部叶片皱缩变黄，边缘焦枯，但心叶生长不受影响。15 天后棉花叶片恢复正常。

胺苯磺隆，冬油菜 3～4 叶期，以 10% 可湿性粉剂 15～20 克 /667 米²，对水 40～50 升喷雾。直播田及育秧田于播后苗前或播种前 1～3 天土壤处理，移栽田于油菜移栽 7～10 天活棵后茎叶处理。不同油菜品种安全性差异很大，一般甘蓝型油菜抗性较强、芥菜型油菜敏感。油菜秧苗 1～2 叶期茎叶处理有药害，为危险期；秧苗 4～5 叶期抗性增强。该药在土壤中残效期长，不可超量使用，否则会危害下茬作物产生药害，对后作是水稻秧田或棉花、玉米、瓜豆等旱作物田的安全性差，禁止使用。春施本品距后茬作物间隔期短，易产生药害。

砜嘧磺隆，烟草田生长期用 25% 干悬浮剂 4～6 克 /667 米²，对水 30 升定向行间喷雾。该药活性较高，应用时应严格应用剂量，喷施时定向喷施，不要喷施到烟草上部叶片，否则易于产生药害。

四、经济作物田二硝基苯胺类除草剂应用技术

二硝基苯胺类除草剂是经济作物田最为重要的除草剂，常用的品种有二甲戊乐灵、地乐胺、氟乐灵。

（一）经济作物田常用二硝基苯胺类除草剂的特点

①杀草谱广，不仅可防治一年生禾本科杂草的特效除草剂，而

且还可以防治部分一年生阔叶杂草。②所有品种都是土壤处理剂，主要防治杂草幼芽，因而多在作物播种前或播种后出苗前施用。③除草机制主要是抑制细胞的有丝分裂与分化，典型作用特性是抑制次生根生长，而完全抑制次生根形成的剂量对主根却没有影响。除了抑制次生根生长以外，对幼芽也产生明显抑制作用，它们对单子叶植物的抑制作用比双子叶重。④易于挥发和光解是此类除草剂的突出特性，因此多数品种在田间喷药后必须尽快进行耙地拌土，故对于干旱现象普遍的我国北方地区是十分有利的。⑤在土壤中的持效期中等或稍长，耐雨水性能较强，大多数品种的半衰期为2～3个月，正确使用时，对于轮作中绝大多数后茬作物无残留毒害。

(二)经济作物田二硝基苯胺类除草剂的防治对象

二硝基苯胺类除草剂在作物种植前或出苗前进行土壤处理防止杂草出苗。它们对种子发芽没有抑制作用。其效应是在种子产生幼根或幼芽过程以及幼芽出土过程中发生的。可以防除一年生禾本科杂草和某些阔叶杂草，对稗草、狗尾草、马唐、野燕麦、反枝苋、柳叶刺蓼、藜、龙葵等效果突出，对鳢肠、野黍、卷茎蓼、香薷、鼬瓣花也有较好的效果，对马齿苋、狼把草、鸭跖草、苍耳、铁苋、本氏蓼等效果较差，防除单子叶杂草的效果优于双子叶的效果，对多年生杂草无效。

(三)经济作物田二硝基苯胺类除草剂的药害与安全应用

二硝基苯胺类除草剂严重破坏细胞正常分裂，根尖分生组织内细胞变小或伸长区细胞未明显伸长，特别是皮层薄壁组织中细胞异常增大，胞壁变厚；由于细胞极性丧失，细胞内液泡形成逐渐增强，因而在最大伸长区开始放射性膨大，从而造成通常所看到的根尖呈鳞片状。该类药剂的药害症状是抑制幼芽的生长和次生根的形成。

典型药害症状是根短而粗，无次生根或次生根稀疏而短，根尖肿胀成棒头状，芽生长受到抑制，下胚轴肿胀。受害植物矮小，叶片皱缩或畸型，根系生长受到严重抑制。一般作物受害后持续时间较长，轻度药害多数可以恢复，重者缓慢死亡。药害症状见图2-13至图2-15。

图2-13　在棉花播后芽前，低温高湿条件下，喷施48%地乐胺乳油16天后的药害症状　受害后出苗缓慢，根系受抑制，植株矮化，药害重者缓慢死亡

图2-14　在棉花播后芽前，低温高湿条件下，喷施48%氟乐灵乳油16天后的药害症状　受害后出苗缓慢，根系受到抑制，心叶卷缩、畸形，子叶肥厚，下胚轴肿大、脆弱，生长受到严重抑制

图2-15　在棉花播后芽前，低温高湿条件下，喷施33%二甲戊乐灵乳油后的药害症状　受害后出苗缓慢，根系受到抑制，根系短而根数少，心叶畸形皱缩，植株矮小，重者萎缩死亡

（四）经济作物田二硝基苯胺类除草剂的应用方法

二硝基苯胺除草剂各品种的防治对象虽有细微差别，但更多的是它们有着共同特性：主要防治一年生禾本科杂草及种子繁殖的多年生杂草的幼芽，对成株杂草无效或效果很差，它们虽然对一些小粒一年生阔叶杂草如苋、藜等有一定效应，但防治效果远比禾本科杂草差，对多年生杂草无效。是优秀的土壤封闭处理剂，必须掌握在杂草发芽出苗前施药。

除草效果受墒情影响较大，墒情好除草效果好，墒情差时除草效果差。施药后如遇持续低温、涝雨及土壤高湿，对作物易于产生药害，表现为叶片扭曲、生长缓慢，随着温度的升高，便逐步恢复正常。

氟乐灵和地乐胺易于挥发与光解，喷药后应及时拌土 3～5 厘米深，不宜过深，以免相对降低药土层的含药量和增加对作物幼苗的伤害。从施药到混土的时间一般不能超过 8 小时，否则会影响药效。除草效果和用量均与土壤特性、特别是有机质含量及土壤质地有密切关系；黏土地、有机质含量较高地块要适当加大药量。氟乐灵残效期较长，在北方低温干旱地区可长达 10～12 个月，对后茬的高粱、谷子有一定的影响。各种药剂用法与用量见表 2-7。

表 2-7　经济作物田二硝基苯胺类除草剂品种与应用方法

品种与剂型	播后芽前（毫升/667 米²）
33% 二甲戊乐灵乳油	100～200
48% 氟乐灵乳油	150～200
48% 地乐胺乳油	150～200

五、经济作物田芳氧基苯氧基丙酸类
与环己烯酮类除草剂应用技术

芳氧基苯氧基丙酸类与环己烯酮类除草剂是经济作物田重要的除草剂，常用的品种有精喹禾灵、精吡氟禾草灵、高效吡氟氯禾灵、喔草酯、精恶唑禾草灵、稀禾定、烯草酮。

(一)经济作物田芳氧基苯氧基丙酸类等除草剂的特点

①所有品种都是茎叶处理剂，主要通过植物茎叶部吸收，具有内吸、局部传导的作用。②主要作用机制是抑制植物体内的乙酰辅酶A合成酶的活性，干扰脂肪酸的生物合成。作用部位是植物的分生组织，对幼芽的抑制作用强。③主要用于阔叶作物，也可有效防除多种禾本科杂草，具有极高的选择性。④此类除草剂在土壤中无活性，进入土壤无效。

(二)经济作物田芳氧基苯氧基丙酸类等除草剂的防治对象

可以有效防除一年生禾本科杂草，如稗草、牛筋草、狗尾草、看麦娘、野燕麦、马唐、画眉草等。提高剂量可以防除狗牙根、白茅、芦苇等多年生禾本科杂草。对莎草、阔叶杂草无效。

主要作用部位是植物的分生组织，一般于施药后48小时即开始出现药害症状，生长停止、3~5天后心叶和其它部位叶片变紫、变黄，茎节点部位坏死、全株枯萎死亡(如图2-16至图2-24)。

图2-16　精喹禾灵施药后狗尾草的中毒症状和茎节点的受害症状

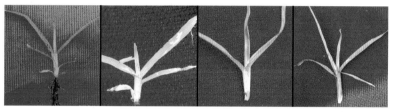

图2-17　12.5％稀禾啶机油乳剂防治牛筋草的中毒死亡过程　防效较好，施药后4天即表现出明显的中毒症状，茎叶发黄，生长停滞，以后逐渐枯萎死亡

图2-18　在狗尾草较大时，施用10.8％高效氟吡甲禾灵乳油防治狗尾草10天后的效果比较　死草效果较慢、较差，施药后10天茎节点变褐、坏死，生长受到抑制，但以后多数会逐渐枯萎死亡

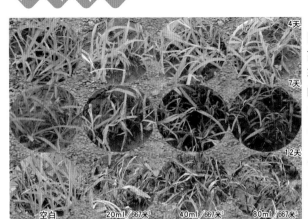

图2-19 10.8%高效氟吡甲禾灵乳油防治牛筋草的效果比较 防治效果较好,施药后4天茎叶黄化,节点坏死,5～7天开始大量枯萎,以后逐渐枯萎死亡

图2-20 5%精喹禾灵乳油防治马唐的效果比较 防效较好,施药后4～7天茎叶发红、发紫,节点坏死,生长受到抑制,以后逐渐枯萎死亡

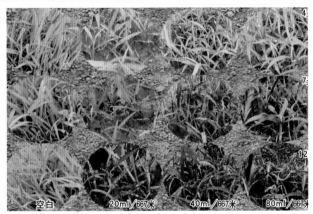

图2-21 10.8%高效氟吡甲禾灵乳油防治稗草的效果比较 防效较好,施药后4～7天茎叶发红、发紫,节点坏死,生长受到抑制,以后逐渐枯萎死亡

图2—22　10％精恶唑禾草灵乳油防治看麦娘的效果比较　防效较好，施药后5～10天茎叶黄化，节点坏死，10天后高剂量处理开始大量枯萎，以后逐渐枯萎死亡

图2—23　10％精恶唑禾草灵乳油防治日本看麦娘的效果比较　效果较差，施药后5～10天高剂量处理茎叶开始黄化、茎节点变褐，10天后高剂量处理开始大量黄化，逐渐枯萎死亡；低剂量下效果较差

图2—24　10％精恶唑禾草灵乳油防治菵草的效果比较　施药后5～10天高剂量处理茎叶开始黄化，茎节点变褐；10天后中高剂量处理开始大量黄化、死亡；低剂量下效果较差。

(三)经济作物田芳氧基苯氧基丙酸类等除草剂的药害与安全应用

该类除草剂对阔叶作物安全性较好，但生产中与由于其它农药混用不当，或是个别品种在工业生产中的溶剂、乳化剂选用不当、存放时间太长，也会发生药害。

(四)经济作物田芳氧基苯氧基丙酸类等除草剂的应用方法

该类除草剂的防除对象基本一致。它们对双子叶作物都很安全，施药时不能飘移到周围禾本科作物田。

该类除草剂是苗后茎叶处理剂，喷药时期以杂草叶龄为指标，一般在杂草幼龄时期施用，除草效果高；稗草等禾本科杂草2~6叶期使用较好，低剂量可以防治2~3叶期禾本科杂草，高剂量可以防治分蘖期的杂草。湿度高墒情好时药效好。在干旱地区，灌水后施药效果提高。

常用品种用法与用量见表2-8。

表2-8　经济作物田除草剂品种与应用方法

品种与剂型	生长期用量(毫升/667米²)
10%精喹禾灵乳油	50~75
15%精吡氟禾草灵乳油	40~60
10.8%高效吡氟氯禾灵乳油	20~40
10%喔草酯乳油	40~60
10%精噁唑禾草灵乳油	50~75
12.5%稀禾定乳油	50~75
24%烯草酮乳油	30~40

六、经济作物田其他除草剂应用技术

(一)扑草净应用技术

1.扑草净除草特点 选择性内吸传导型除草剂,主要通过根部吸收,也可以通过茎、叶渗入到植物体内。吸收的扑草净通过蒸腾流进行传导,抑制杂草的光合作用,使植物失绿、黄化、枯萎死亡。持效期45~70天。

2.扑草净防除对象 可防除多种一年生禾本科杂草和阔叶杂草,对反枝苋、藜、马唐、狗尾草、牛筋草、稗草等均有很好的防治效果,对苍耳、龙葵等也有较好的效果,对马齿苋、铁苋、鸭跖草、伞形花科和一些豆科杂草防效较差,对多年生杂草基本上没有效果。死草症状见图2-25至图2-27。

图2-25 50%扑草净可湿性粉剂芽前施药对马唐的防治效果比较 有一定的防治效果,施药后马唐正常发芽出土,出苗后见光黄化、枯死,一般以50%可湿性粉剂200克/667米² 对马唐防治效果较好

图2-26　50％扑草净可湿性粉剂芽前施药对狗尾草的防治效果比较　防效突出，狗尾草出苗后见光黄化、枯死，低剂量即可达到较好的防治效果

图2-27　50％扑草净可湿性粉剂芽前施药对铁苋的防治效果比较　防效较差，施药后基本上正常出苗，苗后黄化，生长受到抑制，但防治效果不理想

3.扑草净应用技术　棉花田，用50％可湿粉50～100克/667米²，于播种后出苗前喷雾法进行土壤处理。

有机质含量低的砂质土不宜施用。施药时适当的土壤水分有利于发挥药效。该药安全性差，施药时用药量要准确，否则，易于发生药害。药害症状见图2-28至图2-29。

（二）乙氧氟草醚应用技术

1.乙氧氟草醚的除草特点　选择性触杀型芽前除草剂，主要通过胚芽鞘、中胚轴进入植物体内，根部也能少量吸收，在芽前及芽后早期施用效果好。药剂在有光的条件下可以发挥杀草作用。药剂被土壤吸附后,经过土壤微生物的作用而降解,在土壤中的半衰期为30天左右,对后茬作物无残留毒害。

图2-28　在棉花播后芽前,喷施50％扑草净可湿性粉剂16天后的药害症状 受害棉花正常出苗,高剂量区苗后叶片黄化或枯萎,全株死亡,光照强、温度高时药害发展迅速

图2-29　在棉花生长期,模仿错误用药,叶面喷施50％扑草净可湿性粉剂10天后的药害症状　受害棉花叶片黄化、大面积出现黄斑,叶片从叶尖和叶缘开始出现枯死,重者逐渐全株枯死

　　2.乙氧氟草醚防除对象　可以防除一年生单、双子叶杂草,对多年生杂草无效,对马唐、狗尾草、牛筋草、藜、马齿苋、反枝苋、铁苋、看麦娘、荠菜、青葙、龙葵、异型莎草、莎米莎草、陌上菜等均有较好的防治效果。

　　3.乙氧氟草醚应用技术　棉花、烟草移栽田,在最后一遍整地,移栽之前,用24％乙氧氟草醚乳油30～60毫升/667米²,对水30～50升,均匀喷雾于土表。或当棉花、烟草植株50厘米以上时,田间

杂草未出土时用24%乙氧氟草醚乳油40～60毫升／667米^2，对水30～50升压低喷头定向喷施，要避免喷及植株。

油菜，在整地后移栽前，用24%乙氧氟草醚乳油30～50毫升／667米^2，对水30～50升均匀喷雾于土表，药后第2～4天可移栽。

该药易于发生触杀性药害，施药时剂量要准确、喷洒要均一。墒情好除草效果好；作物播后芽前施药易于发生药害，施药后作物出苗前遇灌溉或降雨时作物易于发生药害。症状见图2－30和图2－31。

图2－30　在棉花播后芽前，遇高湿条件过量喷施24%乙氧氟草醚乳油16天后的药害症状　棉花叶片出现大量褐斑，生长受到抑制；药害重时死亡

图2－31　在棉花播后芽前，遇高湿条件过量喷施24%乙氧氟草醚乳油的药害症状受害棉花出苗后真叶出现褐斑，叶片皱缩，少数叶片枯死。药害轻时，以后不断发出新叶而恢复生长；药害严重时，叶片枯死，新叶不能发出

（三）恶草酮应用技术

1.恶草酮除草特点　选择性芽前土壤封闭除草剂，通过杂草幼芽或幼苗与药剂接触、吸收而起作用。通过对原卟啉氧化酶的抑制而发挥除草作用。杂草自萌芽至2～3叶期均敏感，以杂草萌芽期施药效果最好，随杂草长大，效果下降。土壤中不易淋溶和移动，持效期为1～2个月。

2.恶草酮防除对象　可以防除一年生禾本科和阔叶杂草。可以防治的杂草有稗草、牛筋草、苘麻、反枝苋、皱果苋、藜、地肤、陌上菜、扁蓄、马齿苋、节节菜等，对多年生杂草无效，对阔叶杂草的防效优于对禾本科杂草的防效。死草症状见图2-32和图2-33。

图2-32　12％恶草酮乳油对苘麻的防治效果比较　*防效较好，施药后接触药剂即死亡，未接触药土层的苘麻可能复发*

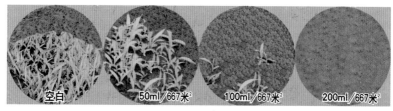

图2-33　12％恶草酮乳油对马唐的防治效果比较　*防效较好，施药后马唐接触药剂即死亡，未接触药土层的马唐可能复发*

3.恶草酮应用技术 棉花、油菜播后苗前进行土壤处理，用12%乳油200～300毫升/667米²，加水30升进行土表均匀喷雾。

该药易于发生触杀性药害，施药时剂量要准确、喷洒要均一。施药时，墒情好除草效果好；施药后作物出苗前遇灌溉或降雨时作物易于发生药害。药害症状见图2-34。

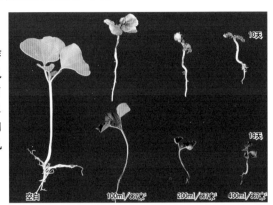

图2-34 在棉花播后芽前，喷施12%恶草酮乳油后的药害症状 出苗后叶片斑点状坏死，长势差于空白对照；高剂量处理，个别茎叶出现黄褐色坏死

(四)草除灵应用技术

1.草除灵除草特点 选择性内吸传导型芽后除草剂，为噻唑羧酸类除草剂，是一种激素生物合成干扰抑制剂。可以为植物的叶片吸收，并输导到植株其他部位。药效发挥较慢，敏感植物受药后生长停滞、叶色僵绿、叶片增厚反卷、新生叶扭曲畸形，节间缩短，最后死亡，其死亡症状与激素型除草剂相似。在油菜等耐药性作物体内，可以迅速代谢为无活性物质，这是其选择性的主要机制。敏感植物死亡速度与施药后气温有关，气温高作用快，气温低作用慢。草除灵能在土壤中转化成游离酸并很快降解成无活性物质，对下茬作物无影响。

2.草除灵防除对象 可以防除一年生阔叶杂草。可以防治的杂草有繁缕、雀舌草、荠菜、卷耳、大巢菜等，对猪殃殃、鼠曲草、荞麦蔓、苋、曼陀罗、地肤等杂草效果差。

3.草除灵应用技术　　直播油菜田，在油菜6～8叶期施药，用10%乳油150～200毫升/667米^2，加水40～50升喷雾。

移栽油菜田，在油菜返青后、杂草2～3叶期施药，用10%乳油150～200毫升/667米^2，加水40～50升喷雾。

草除灵对未出土杂草无效。本品对荠菜型油菜高度敏感，不能应用，对白菜型油菜有轻微药害，应适当推迟施药期，一般情况下抑制现象可以恢复，不影响产量，施药适期应在油菜越冬后期或返青期使用可避免发生药害；耐药性较强的甘蓝型冬油菜，要根据当地杂草出草规律确定。

第三章　油菜田杂草防治技术

近年来，我国各地油菜种植区域自然条件差异较大、栽培管理模式不同(图3–1)，生产上应根据各地实际情况正确地选择除草剂的种类和施药方法。

图3–1　油菜田杂草发生危害情况

一、油菜播种期杂草防治

由于油菜粒小、播种浅，很多种封闭除草剂品种对油菜易产生药害，生产上应注意适当深播。

在油菜播种前，可以用：

48%氟乐灵乳油100～120毫升/667米^2，黏质土及有机质含量高的田块可以用120～175毫升/667米^2；

用 48% 地乐胺乳油 100～120 毫升 /667 米^2，黏质土及有机质含量高的田块用 150～200 毫升 /667 米^2。

加水 40～50 升配成药液喷于土表，并随即混入浅土层中，干旱时要镇压保墒。施药后 3～5 天播种油菜。

封闭除草剂主要靠位差选择性以保证对油菜的安全性，生产上应根据土质和墒情适当深播；同时，施药时要注意天气预报，如有降雨、降温等田间持续低温高湿情况，也易产生药害。除草剂品种和施药方法如下：

33% 二甲戊乐灵乳油 150～250 毫升 /667 米^2；

20% 萘丙酰草胺乳油 150～250 毫升 /667 米^2；

50% 乙草胺乳油 100～120 毫升 /667 米^2；

72% 异丙甲草胺乳油 120～150 毫升 /667 米^2；

72% 异丙草胺乳油 120～150 毫升 /667 米^2，对水 40 升均匀喷施，可以有效防治多种一年生禾本科杂草和播娘蒿、荠菜、牛繁缕、藜、苋、苘麻等阔叶杂草。施药时一定视条件调控药量，切忌施药量过大。药量过大、田间过湿，特别是遇到持续低温多雨条件下幼苗可能会出现暂时的矮化、粗缩，多数能恢复正常生长；但严重时，会出现死苗现象。

二、油菜移栽田杂草防治

油菜移栽前施药比较方便，对油菜生长相对安全(图 3-2)。

比较干旱的地区，可以在油菜移栽前，用：

48% 氟乐灵乳油 150～200 毫升 /667 米^2；

48% 地乐胺乳油 150～200 毫升 /667 米^2，加水 40～50 升配成药液喷于土表，并随即混入浅土层中，干旱时要镇压保墒。施药后 3～5 天移栽油菜。

 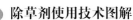

图3-2　油菜移栽田
杂草防治情况

南方多雨地区，杂草发生严重，可以在油菜移栽前施用：

33%二甲戊乐灵乳油150～250毫升/667米^2；

20%萘丙酰草胺乳油200～250毫升/667米^2；

50%乙草胺乳油150～200毫升/667米^2；

72%异丙甲草胺乳油200～250毫升/667米^2；

72%异丙草胺乳油200～250毫升/667米^2，对水40升均匀喷施，可以有效防治多种一年生禾本科杂草和部分阔叶杂草；对于禾本科杂草和阔叶杂草发生较多的地块，也可以在上述除草剂中加入10%胺苯磺隆可湿性粉剂10～20克/667米^2。施药后移栽油菜，尽量少松动土层。

三、油菜生长期杂草防治

对于前期未能采取有效的杂草防治措施，应在苗后前期及时进行化学除草。施用时期宜在油菜封行前、杂草3～5叶期，及时施用除草剂。

对于前期未能封闭除草的田块，田间发生看麦娘等大量禾本科杂草，在杂草基本出齐，且杂草处于幼苗期(图3-3)时应及时施药。

可以施用：

5%精喹禾灵乳油50～75毫升/667米^2；

10.8% 高效氟吡甲禾灵乳油 20～40 毫升 /667 米²；

10% 喔草酯乳油 40～80 毫升 /667 米²；

15% 精吡氟禾草灵乳油 40～60 毫升 /667 米²；

10% 精恶唑禾草灵乳油 50～75 毫升 /667 米²；

12.5% 稀禾啶乳油 50～75 毫升 /667 米²；

24% 烯草酮乳油 20～40 毫升 /667 米²，对水 30 升均匀喷施，可以有效防治多种禾本科杂草。施药时视草情、墒情确定用药量，草大、墒差时适当加大用药量。施药时注意不能飘移到周围小麦等禾本科作物上；否则，会发生严重的药害。

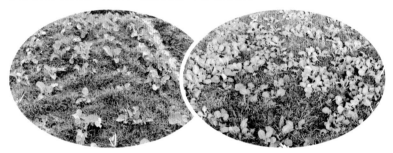

图 3-3　油菜田禾本科杂草发生危害情况

对于前期未能有效除草的田块，在油菜田禾本科杂草较多较大时(图 3-4)，特别是日本看麦娘、菌草等发生严重的田块，应抓住

苗后前期及时防治，并适当加大药量和施药水量，喷透喷匀，保证杂草均能接受到药液。

图3-4　油菜田禾本科杂草发生严重的情况

可以施用：

5%精喹禾灵乳油 75～125 毫升/667 米²；

10.8%高效氟吡甲禾灵乳油 40～60 毫升/667 米²；

10%喔草酯乳油 60～80 毫升/667 米²；

15%精吡氟禾草灵乳油 75～100 毫升/667 米²；

10%精恶唑禾草灵乳油 75～100 毫升/667 米²；

12.5%稀禾啶乳油 75～125 毫升/667 米²；

24%烯草酮乳油 40～60 毫升/667 米²，对水 45～60 升均匀喷施，施药时视草情、墒情确定用药量，可以有效防治多种禾本科杂草；但天气干旱、杂草较大时死亡时间相对缓慢。杂草较大、杂草密度较高、墒情较差时适当加大用药量和喷液量；否则，杂草接触不到药液或药量较小，影响除草效果。

对于前期未能有效除草的田块，在油菜田牛繁缕等阔叶杂草较多时(图 3-5)，应抓住苗后前期及时防治。

图 3-5　油菜田阔叶杂草发生严重的情况

可以施用：

10%草除灵乳油 130～200 毫升/667 米²，对水 45～60 升均匀喷施，施药时视草情、墒情确定用药量。在冬前苗期施用，对白菜型油菜药害较重，对甘蓝型油菜也有一定的药害，而在油菜越冬后返青期应用对油菜安全。

　　对于前期未能有效除草的田块，在油菜田看麦娘、牛繁缕等禾本科杂草和阔叶杂草发生较多时(图3-6)，应抓住苗后前期及时防治。

图3-6　油菜田禾本科杂草和阔叶杂草发生严重的情况

可以施用：

10%丙酯草醚乳油40～50毫升/667米²；

10%异丙酯草醚乳油30～50毫升/667米²；

10%胺苯磺隆可湿性粉剂10～20克/667米²，也可以用：

5%精喹禾灵乳油75～125毫升/667米²；

10.8%高效氟吡甲禾灵乳油40～60毫升/667米²；

10%喔草酯乳油60～80毫升/667米²；

15%精吡氟禾草灵乳油75～100毫升/667米²；

10%精恶唑禾草灵乳油75～100毫升/667米²；

12.5%稀禾啶乳油75～125毫升/667米²；

24%烯草酮乳油40～60毫升/667米²+10%草除灵乳油130～200毫升/667米²，对水45～60升均匀喷施，施药时视草情、墒情确定用药量。

第四章　芝麻田杂草防治技术

　　近年来，我国各地芝麻种植区域自然条件差异较大、栽培管理模式不同(图4-1)，生产上应根据各地实际情况正确地选择除草剂的种类和施药方法。

图4-1　芝麻田杂草发生危害情况

一、芝麻播种期杂草防治

　　由于芝麻粒小、播种浅，很多种封闭除草剂品种对芝麻易产生药害，生产上应注意适当深播。

在芝麻播种前 3~5 天，可以施用除草剂防止杂草的危害，可以用下列除草剂：

48% 氟乐灵乳油 100~120 毫升 /667 米^2(黏质土及有机质含量高的田块用 120~175 毫升 /667 米^2)；

48% 地乐胺乳油 100~120 毫升 /667 米^2(黏质土及有机质含量高的田块用 150~200 毫升 /667 米^2)；

加水 40~50 升配成药液喷于土表，并随即混入浅土层中，干旱时要镇压保墒。施药后 3~5 天播种芝麻。

在芝麻播后芽前施药时，要注意芝麻适当深播，以防止药害的发生，除草剂品种和施药方法如下：

33% 二甲戊乐灵乳油 100~150 毫升 /667 米^2；

20% 萘丙酰草胺乳油 150~250 毫升 /667 米^2；

50% 乙草胺乳油 100~120 毫升 /667 米^2；

72% 异丙甲草胺乳油 120~150 毫升 /667 米^2；

96% 精异丙甲草胺乳油 50~75 毫升 /667 米^2；

72% 异丙草胺乳油 120~150 毫升 /667 米^2；

对水 40 升均匀喷施，可以有效防治多种一年生禾本科杂草和藜、苋、苘麻等阔叶杂草，对马齿苋和铁苋的防治效果较差。

封闭除草剂主要靠位差选择性以保证对芝麻的安全性，生产上应注意适当深播。同时，施药时要注意天气预报，如有降雨、降温等田间持续低温高湿情况，也易产生药害；因为芝麻田杂草防治的策略主要是控制前期草害，芝麻田中后期生长高大密蔽，芝麻自身具有较好的控草作用，所以芝麻田除草剂用药量不宜太高。施药时一定要视条件调控药量，切忌施药量过大。药量过大、田间过湿，特别是遇到持续低温多雨的条件，幼苗可能会出现暂时的矮化、粗缩，多数能恢复正常生长。但严重时，会出现死苗现象(图 4-2)。

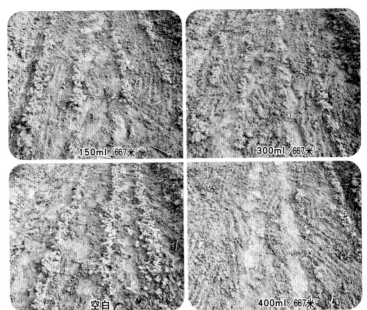

图 4-2　50% 异丙甲草胺乳油不同剂量对芝麻药害情况

二、芝麻生长期杂草防治

对于前期未能采取有效的杂草防治措施，在苗后时期应及时进行化学除草。施用时期宜在芝麻封行前、杂草幼苗期施用除草剂(图4-3)。

在芝麻封行前、禾本科杂草基本出齐、且多数禾本科杂草处在3～5叶期时，可以用下列除草剂：

10% 精喹禾灵乳油 40～50 毫升 /667 米²；

10.8% 高效氟吡甲禾灵乳油 20～40 毫升 /667 米²；

24% 烯草酮乳油 20～40 毫升 /667 米²；

12.5% 稀禾啶机油乳剂 50～100 毫升 /667 米²；

加水 25～30 升，配成药液喷洒。在气温较高、雨量较多地区，杂草生长幼嫩，可适当减少用药量；相反，在气候干旱、土壤较干地区，杂草幼苗老化耐药，要适当增加用药量。防治一年生禾本科杂草时，用药量可稍减少；而防治多年生禾本科杂草时，用药量应适当增加。

图4-3 芝麻田禾本科杂草发生危害情况

对于前期未能有效除草的田块，在芝麻田禾本科杂草较多较大时(图4-4)，应适当加大药量和施药水量，喷透喷匀，保证杂草均能接受到药液。可以施用下列除草剂及其用量：

10%精喹禾灵乳油 75～125毫升/667米²；

10.8%高效氟吡甲禾灵乳油 40～60毫升/667米²；

10%喔草酯乳油 60～80毫升/667米²；

15%精吡氟禾草灵乳油 75～100毫升/667米²；

10%精恶唑禾草灵乳油 75～100毫升/667米²；

12.5%稀禾啶乳油 75～125毫升/667米²；

24%烯草酮乳油 40～60毫升/667米²；

对水45～60升，均匀喷施，施药时视草情、墒情确定用药量，

可以有效防治多种禾本科杂草；但天气干旱、杂草较大时死亡时间相对缓慢。杂草较大、杂草密度较高、墒情较差时适当加大用药量和喷液量；否则，杂草接触不到药液或药量较小，影响除草效果。

图4-4　芝麻田禾本科杂草发生严重的情况

第五章　棉花田杂草防治技术

近几年来，随着农业生产的发展和耕作制度的变化，棉花田杂草的发生出现了很多变化，棉花栽培模式多种多样。在棉花田杂草防治中应区别对待各种情况，选用适宜的除草剂品种和配套的施药技术。

一、棉花苗床杂草防治

在棉花苗床(图5-1)，主要杂草为马唐、狗尾草、牛筋草、藜、反枝苋，杂草比较好防治，生产中可以用酰胺类、二硝基苯胺类除草剂等。

图5-1　棉花苗床杂草发生情况

在棉花苗床播种后覆膜前施药，施药量一般不宜过大，否则影响育苗质量。

可以施用：

50%乙草胺乳油30～50毫升/667米²；

72%异丙甲草胺乳油75～100毫升/667米²；

72%异丙草胺乳油75～100毫升/667米²+50%扑草净可湿性粉剂50克/667米²；

33%二甲戊乐灵乳油50～75毫升/667米²；

50%乙草胺乳油40毫升/667米²+24%乙氧氟草醚乳油10毫升/667米²；

对水50～80升喷雾土表。棉花幼苗期，遇低温、多湿、苗床积水或药量过多，易受药害。其药害症状为叶片皱缩，待棉花长至3片复叶以后，温度升高可以恢复正常生长，一般情况下对棉苗基本上没有影响(图5-2至图5-9)。

图5-2　在棉花播后芽前，遇高湿条件过量喷施乙氧氟草醚后的药害症状　棉花出苗基本不受影响，但出苗后真叶叶片出现褐斑，叶片皱缩，少数叶片枯死。药害轻时，生长受到暂时的抑制，以后不断发出新叶而恢复生长；药害严重时，叶片枯死，新叶不能发出，全株逐渐死亡

图5-3　在棉花播后苗前，在持续低温、高湿条件下过量施用50%乙草胺乳油16天后的药害症状比较　施药后棉花出苗缓慢、矮化、生长受到较重的抑制

图5-4　在棉花播后芽前，在持续低温、高湿条件下过量施用50％乙草胺乳油16天后的药害症状比较　施药后棉苗出苗缓慢、矮化、生长受抑制，根的生长受到抑制、须根减少、根毛减少

图5-5　在棉花播后芽前，低温高湿条件下，喷施48％地乐胺乳油16天后的药害症状　受害后出苗缓慢、根系受抑制，长势差，药害重者缓慢死亡

图5-6　在棉花播后芽前，低温高湿条件下，喷施48％氟乐灵乳油22天后的药害症状　受害后心叶卷缩、畸型，轻者生长受抑制，长势明显差于空白对照，重者缓慢死亡

经济作物 除草剂使用技术图解

图5-7 在棉花播后芽前，低温高湿条件下，喷施33%二甲戊乐灵乳油后的药害症状 受害后出苗缓慢、根系受抑制，根系短而根数少，心叶畸形卷缩，植株矮小，长势差于空白对照，重者萎缩死亡

图5-8 在棉花播后芽前，喷施50%扑草净可湿性粉剂16天后的药害症状 受害棉花正常出苗，高剂量区苗后叶片黄化、叶片枯黄、全株死亡。光照强、温度高药害发展迅速

图5-9 在棉花播后芽前，遇高湿条件过量喷施24%乙氧氟草醚乳油16天后的药害症状 受害棉花叶片出现褐斑，生长缓慢。药害轻时，生长受到暂时的抑制；药害严重时，叶片枯死，新叶不能发出，逐渐死亡

二、地膜覆盖棉花直播田杂草防治

在春棉花直播地膜覆盖田(图5-10)，杂草发生比较严重，膜下杂草常挤烂地膜，影响棉花生长，生产上需要施用芽前封闭除草剂。

图5-10　棉花春直播地膜覆盖田栽培与施药情况

在春棉花直播地膜覆盖田，晚上和阴天温度极低、白天阳光下温度极高，对保证除草剂的药效和安全增加了难度。一般应严格控制施药剂量；施药量不宜过大，否则影响育苗质量。可以用：

50%乙草胺乳油75～125毫升/667米^2；

72%异丙甲草胺乳油100～200毫升/667米^2；

72%异丙草胺乳油100～200毫升/667米^2；

33%二甲戊乐灵乳油100～150毫升/667米^2；

　　50% 乙草胺乳油 75 毫升 /667 米 ²+24% 乙氧氟草醚乳油 10 毫升 /667 米 ²；

　　50% 异丙草胺乳油 100 毫升 /667 米 ²+50% 扑草净可湿性粉剂 50 克 /667 米 ²，对水 40～60 升喷雾土表。棉花幼苗期，遇低温、多湿、苗床积水或药量过多，易受药害。其药害症状为叶片皱缩，待棉花长至 3 片复叶以后，温度升高可以恢复正常生长，一般情况下对棉苗基本上没有影响。

三、棉花移栽田杂草防治

　　棉花育苗移栽是重要的栽培模式(图5-11)。部分生产条件较好的棉花产区，翻耕平整土地后播种棉花，对于这些地区棉花移栽前进行杂草防治是一个最有利、最关键的时期。

图5-11　棉花育苗移栽与施药情况

　　华北棉花栽培区，降雨量少、土壤较旱，而以前施用除草剂较少，对于田间常见杂草种类为马唐、狗尾草、牛筋草、稗草、藜、苋的田块，在棉花移栽前，可以用：

　　50% 乙草胺乳油 150～200 毫升 /667 米 ²；

33% 二甲戊乐灵乳油 200～250 毫升 /667 米²;

72% 异丙甲草胺乳油 200～250 毫升 /667 米²;

对水 45 升，均匀喷施。对于田间发生有大量禾本科杂草和阔叶杂草的地块，可以用：

50% 乙草胺乳油 100～200 毫升 /667 米²;

33% 二甲戊乐灵乳油 150～200 毫升 /667 米²;

72% 异丙草胺乳油 150～250 毫升 /667 米²;

同时分别加入下列除草剂中的一种：20% 恶草酮乳油 100 毫升 /667 米²、24% 乙氧氟草醚乳油 20～40 毫升 /667 米² 或 50% 扑草净可湿性粉剂 50 克 /667 米²，对水 45 升，均匀喷施，施药后移栽棉花，尽可能减少松动土层。

河南中南部及其以南棉花栽培区，降雨量较大、杂草发生严重。对于以前施用除草剂较少，田间常见杂草为马唐、狗尾草、牛筋草、稗草、藜、苋的田块，在棉花播后芽前，可用：

50% 乙草胺乳油 200～250 毫升 /667 米²;

33% 二甲戊乐灵乳油 200～250 毫升 /667 米²;

72% 异丙甲草胺乳油 200～250 毫升 /667 米²，对水 45 升，均匀喷施。

对于田间发生有大量禾本科杂草和阔叶杂草的地块，可以用：

50% 乙草胺乳油 200～250 毫升 /667 米²;

33% 二甲戊乐灵乳油 150～250 毫升 /667 米²;

72% 异丙草胺乳油 200～300 毫升 /667 米²;

同时分别加入下列除草剂中的一种：24% 乙氧氟草醚乳油 20～40 毫升 /667 米²、20% 恶草酮乳油 100～150 毫升 /667 米²、50% 扑草净可湿性粉剂 50 克 /667 米²，在棉花移栽前，对水 45 升，均匀喷施。施药时应注意墒情和天气预报。乙氧氟草醚、恶草酮为触杀性芽前除草剂，施药时要喷施均匀。扑草净对棉花安全性差，不要随意加大剂量；否则，易发生药害。

四、棉花苗期杂草防治

棉花苗期是杂草防治的重要时期，如不及时防治往往形成草荒，严重影响棉花的前期生长(图5-12)。棉花田除草时必须结合田间杂草种类和发生情况，及早地选择除草剂种类进行化学除草。

图5-12　乙草胺芽前施药防治狗尾草的受害死亡症

棉花苗期(图5-13)，可以在棉花苗期结合锄地、中耕灭茬，除去已出苗杂草，同时采用封闭除草的方法施药，可以有效控制棉花田杂草的危害，这种方法成本低廉、除草效果好，基本上可以控制

图5-13　棉花苗期田间灭茬除草情况

整个生育期内杂草的危害。

常用除草剂品种与用量：

50%乙草胺乳油120～150毫升/667米²；

72%异丙草胺乳油150～200毫升/667米²；

72%异丙甲草胺乳油150～200毫升/667米²；

33%二甲戊乐灵乳油150～200毫升/667米²。在棉花幼苗期、封行前，对水45升，均匀喷施，宜选用墒好、阴天或下午17时后施药，如遇高温、干旱、强光条件下施药，棉花会产生触杀性药斑（图5-14至图5-17），但一般情况下对棉花生长影响不大。

图5-14　在棉花生长期，模仿飘移或错误施药，喷施33%二甲戊乐灵乳油200毫升/667米²6天后的药害症状　受害后叶片出现大量黄褐色斑点，个别心叶受害萎缩，生长受到一定的影响

图5-15　在棉花生长期，遇高温干旱条件，茎叶喷施50%异丙草胺乳油6天后的田间药害症状　施药处理棉花叶片出现褐斑，轻度药害对棉花长势影响不大

图5-16　在棉花生长期，遇高温干旱条件，茎叶喷施72%异丙甲草胺乳油6天后的药害症状　施药处理棉花叶片出现不同程度的褐斑。轻害对棉花长势影响不大；药量较大时，叶片大量枯焦、心叶枯死，生长将受到严重影响

图5-17　在棉花生长期，遇高温干旱条件，茎叶喷施50%乙草胺乳油6天后的药害症状　施药处理棉花叶片出现不同程度的深褐斑点，长势受到不同程度的影响，个别棉株叶片枯死

棉花苗期杂草较小(图5-18)，田间有禾本科杂草，可以用兼有杀草和封闭除草的除草剂配方。

图5-18　棉花苗期田间杂草较少

常用除草剂品种与用量：

5%精喹禾灵乳油50～75毫升/667米^2+50%乙草胺乳油100～150毫升/667米^2；

5%精喹禾灵乳油50～75毫升/667米^2+33%二甲戊乐灵乳油150～200毫升/667米^2；

12.5%稀禾啶乳油50～75毫升/667米^2+72%异丙甲草胺乳油150～200毫升/667米^2；

24%烯草酮乳油20～40毫升/667米^2+50%异丙草胺乳油150～200毫升/667米^2；

在棉花幼苗期、封行前，对水45升，均匀喷施，宜选用墒好、阴天或下午17时后施药，如遇高温、干旱、强光条件下施药，棉花会产生触杀性药斑，但一般情况下对棉花生长影响不大。

对于前期未能封闭除草的田块，在杂草基本出齐，且杂草处于幼苗期(图5-19)时应及时施药。

图5-19　棉花田大量禾本科杂草发生情况

可以施用：

5%精喹禾灵乳油50～75毫升/667米^2；

10.8%高效氟吡甲禾灵乳油20～40毫升／667米²;

10%喔草酯乳油40～80毫升／667米²;

15%精吡氟禾草灵乳油40～60毫升／667米²;

10%精恶唑禾草灵乳油50～75毫升／667米²;

12.5%稀禾啶乳油50～75毫升／667米²;

24%烯草酮乳油20～40毫升／667米²,对水30升,均匀喷施,可以有效防治多种禾本科杂草。施药时视草情、墒情确定用药量。草大、墒差时适当加大用药量。施药时注意不能飘移到周围禾本科作物上,否则会发生严重的药害。

在棉花苗期,特别是前期施用过酰胺类封闭除草剂的田块,马齿苋、铁苋、打碗花、香附子等发生严重。因为棉花行间距较大,可以在杂草基本出齐、且杂草处于幼苗期时(图5-20)定向喷施除草剂。

图5-20　棉花生长期阔叶杂草发生危害情况

具体药剂如下:

10%乙羧氟草醚乳油10～30毫升／667米²;

48%苯达松水剂150毫升／667米²;

25% 三氟羧草醚水剂 50 毫升 /667 米^2；

25% 氟磺胺草醚水剂 50 毫升 /667 米^2；

24% 乳氟禾草灵乳油 20 毫升 /667 米^2，对水 30 升，选择晴天无风天气定向喷施。该类除草剂对杂草主要表现为触杀性除草效果，施药时务必喷施均匀。注意不要喷施到棉花叶片，否则会产生严重的药害。

部分棉花田(图 5-21)，在棉花生长前期或雨季来临之前，对于以马唐、狗尾草、马齿苋、藜、苋发生的地块，可以用 75% 嗪草硫醚水分散粒剂 3～9 克 /667 米^2 或 75% 三氟啶磺隆水分散粒剂 1.5～2 克 /667 米^2，对水 30 升均匀喷施，对棉花比较安全，可以有效防治多种一年生杂草，也有较好的封闭除草效果，对小蓟、大蓟、空心莲子草等也有较好的抑制作用。因为棉花行间距较大，也可以在杂草基本出齐、且杂草处于幼苗期时定向喷施除草剂，可以用杀草、封闭兼备的除草剂配方。

图5-21 棉花苗期禾本科杂草和阔叶杂草混合发生情况

具体药剂如下：

5% 精喹禾灵乳油 50 毫升 /667 米^2＋48% 苯达松水剂 150 毫升 /667 米^2；

10.8%高效氟吡甲禾灵乳油20毫升/667米²+25%三氟羧草醚水剂50毫升/667米²；

5%精喹禾灵乳油50毫升/667米²+24%乳氟禾草灵乳油20毫升/667米²；

同时分别加入下列除草剂之一：50%乙草胺乳油100~150毫升/667米²、72%异丙甲草胺乳油150~200毫升/667米²、50%异丙草胺乳油150~200毫升/667米²、33%二甲戊乐灵乳油150~200毫升/667米²。

对水30升，选择晴天无风天气定向喷施，施药时视草情、墒情确定用药量。注意不要喷施到棉花叶片，否则会产生严重的药害。

对于前期未能有效除草的田块，在棉花田禾本科杂草较多较大时(图5-22)，应适当加大药量和施药水量，喷透喷匀，保证杂草均能接受到药液。

图5-22 棉花田禾本科杂草发生严重的情况

可以施用：

5%精喹禾灵乳油75~125毫升/667米²；

10.8%高效氟吡甲禾灵乳油40~60毫升/667米²；

10%喔草酯乳油60~80毫升/667米²；

15%精吡氟禾草灵乳油75~100毫升/667米²；

10% 精恶唑禾草灵乳油 75～100 毫升 /667 米²；

12.5% 稀禾啶乳油 75～125 毫升 /667 米²；

24% 烯草酮乳油 40～60 毫升 /667 米²，对水 45～60 升均匀喷施，施药时视草情、墒情确定用药量，可以有效防治多种禾本科杂草；但天气干旱、杂草较大时死亡时间相对缓慢。杂草较大、杂草密度较高、墒情较差时适当加大用药量和喷液量；否则，杂草接触不到药液或药量较小，影响除草效果。

五、棉花田禾本科杂草和阔叶杂草等混生田杂草防治

部分棉花田，前期未能及时施用除草剂或除草效果不好时，在棉花生长中后期雨季发生大量杂草，生产上应针对杂草发生种类和栽培管理情况，正确地选择除草剂种类和施药方法。

部分棉花田(图5-23)，在棉花生长中后期或雨季，田间以马唐、

图5-23 棉花生长中后期禾本科杂草和阔叶杂草混合发生情况

狗尾草、马齿苋、藜、苋发生的地块，在棉花株高50厘米以后。可以用：

20%百草枯水剂150～200毫升/667米^2，对水30升，选择晴天无风天气定向喷施，施药时视草情、墒情确定用药量。注意不要喷施到棉花叶片，否则会产生严重的药害。

部分棉花田(图5－24)，香附子发生严重，可以用：

47%草甘膦水剂50～100毫升/667米^2，对水30升，选择晴天无风天气定向喷施，施药时视草情、墒情确定用药量。注意不要喷施到棉花叶片，否则会产生严重的药害。

图5－24　棉花生长中后期香附子发生危害情况

第六章　烟草田杂草防治技术

近年来，我国各地烟草种植区域自然条件差异较大、栽培管理模式不同(图6-1)，生产上应根据各地实际情况正确地选择除草剂的种类和施药方法。

图6-1　烟田栽培和杂草发生危害情况

一、烟苗床(畦)杂草防治

烟叶多为育苗移栽，苗床(畦)肥水大、墒情好，特别有利于杂草的发生，影响烟叶幼苗生长；同时，苗床(畦)地膜覆盖，白天温度较高，昼夜温差较大，烟苗瘦弱，除草剂对烟苗易造成药害。生产中可以使用过筛细土，以筛去杂草种子；也可以使用除草剂防治杂草的危害。

在苗床整好播种，适当混土后施药，可以用：

20%萘丙酰草胺乳油75～100毫升/667米²；

72%异丙甲草胺乳油50～75毫升/667米²；

50%异丙草胺乳油50～75毫升/667米²；

33%二甲戊乐灵乳油40～60毫升/667米²；对水40升均匀喷施，可以有效防治多种一年生禾本科杂草和部分阔叶杂草。药量过大、田间过湿，温度过高或过低，特别是遇到持续低温多雨条件下烟苗可能会出现暂时的矮化、粗缩，一般情况下能恢复正常生长；遇到膜内温度过高或寒流时，会出现死苗现象。

二、烟移栽田杂草防治

烟叶多为育苗移栽，生产上宜采用封闭性除草剂，一次施药保持整个生长季节没有杂草危害。可于移栽前3～5天喷施土壤封闭性除草剂，移栽时尽量少翻动土层。具体除草剂品种和施药方法如下：

33%二甲戊乐灵乳油150～200毫升/667米²；

50%萘丙酰草胺可湿性粉剂200～250克/667米²；

50%乙草胺乳油150～200毫升/667米²；

72%异丙甲草胺乳油175～250毫升/667米²；

72%异丙草胺乳油175～250毫升/667米²；对水40升均匀喷施。

对于墒情较差、或砂土地，可以用48%氟乐灵乳油150～200毫升/667米²，或48%地乐胺乳油150～200毫升/667米²，施药后及时混土2～3厘米，该药易挥发，混土不及时会降低药效。

对于一些老烟田，特别是长期施用除草剂的烟田，铁苋、马齿苋等阔叶杂草较多，可以用：

33%二甲戊乐灵乳油 100~150 毫升/667 米^2；

20%萘丙酰草胺乳油 200~250 毫升/667 米^2；

50%乙草胺乳油 100~150 毫升/667 米^2；

72%异丙甲草胺乳油 150~200 毫升/667 米^2；

72%异丙草胺乳油 150~200 毫升/667 米^2；

同时加入下列除草剂中的一种：24%乙氧氟草醚乳油 20~30 毫升/667 米^2 或 12%恶草酮乳油 100~200 毫升/667 米^2、50%扑草净可湿性粉剂 50~100 克/667 米^2，对水 40 升均匀喷施，可以有效防治多种一年生禾本科杂草和阔叶杂草。生产中应均匀施药，不宜随便改动配比，否则易发生药害。

移栽前土壤处理或苗后茎叶处理，用 75%甲磺草胺干悬浮剂 30~35 克/667 米^2，加水 50 升均匀喷于土壤表面，或拌细潮土 40~50 升施于土壤表面，可以有效防治一年生阔叶杂草、禾本科杂草和莎草科杂草。

三、烟叶生长期杂草防治

对于前期未能采取化学除草或化学除草失败的烟田，应在田间杂草基本出苗、且杂草处于幼苗期时及时施药防治。烟田防治一年生禾本科杂草，如稗草、狗尾草、野燕麦、马唐、虎尾草、看麦娘、牛筋草等，应在禾本科杂草 3~5 叶期，用：

5%精喹禾灵乳油 40~50 毫升/667 米^2；

10.8%高效氟吡甲禾灵乳油 20~30 毫升/667 米^2；

24%烯草酮乳油 20~30 毫升/667 米^2；

12.5%稀禾啶机油乳剂 40~50 毫升/667 米^2，加水 25~30 升配成药液喷洒。在气温较高、雨量较多地区，杂草生长幼嫩，可适当减少用药量；相反，在气候干旱、土壤较干地区，杂草幼苗老化

耐药，要适当增加用药量。防治一年生禾本科杂草时，用药量可稍减少；而防治多年生禾本科杂草时，用药量应适当增加。

在烟叶60厘米以上，特别是采摘下部烟叶后，如果田间杂草较多，可以施用25%砜嘧磺隆干燥悬浮剂4～5克/667米^2、41%草甘膦水剂75～100毫升/667米^{2}或20%百草枯水剂150～200毫升/667米^2，对水30升定向喷施，可以有效防治多种杂草。施药时应选择无风天气，注意不要喷施到烟叶上，否则易产生药害。

金盾版图书,科学实用,
通俗易懂,物美价廉,欢迎选购

杂交稻高产高效益栽培	9.00	治	10.00
杂交水稻制种技术	14.00	玉米抗逆减灾栽培	39.00
提高水稻生产效益100问	8.00	玉米科学施肥技术	8.00
超级稻栽培技术	9.00	玉米高粱谷子病虫害诊断	
超级稻品种配套栽培技术	15.00	与防治原色图谱	21.00
水稻良种高产高效栽培	13.00	甜糯玉米栽培与加工	11.00
水稻旱育宽行增粒栽培技		小杂粮良种引种指导	10.00
术	5.00	谷子优质高产新技术	6.00
水稻病虫害诊断与防治原		大豆标准化生产技术	6.00
色图谱	23.00	大豆栽培与病虫草害防	
水稻病虫害及防治原色图		治(修订版)	10.00
册	18.00	大豆除草剂使用技术	15.00
水稻主要病虫害防控关键		大豆病虫害及防治原色	
技术解析	16.00	图册	13.00
怎样提高玉米种植效益	10.00	大豆病虫草害防治技术	7.00
玉米高产新技术(第二次		大豆病虫害诊断与防治	
修订版)	12.00	原色图谱	12.50
玉米高产高效栽培模式	16.00	怎样提高大豆种植效益	10.00
玉米标准化生产技术	10.00	大豆胞囊线虫病及其防	
玉米良种引种指导	11.00	治	4.50
玉米超常早播及高产多收		油菜科学施肥技术	10.00
种植模式	6.00	豌豆优良品种与栽培技	
玉米病虫草害防治手册	18.00	术	6.50
玉米病害诊断与防治		甘薯栽培技术(修订版)	6.50
(第2版)	12.00	甘薯综合加工新技术	5.50
玉米病虫害及防治原色图		甘薯生产关键技术100	
册	17.00	题	6.00
玉米大斑病小斑病及其防		甘薯产业化经营	22.00

　　以上图书由全国各地新华书店经销。凡向本社邮购图书或音像制品,可通过邮局汇款,在汇单"附言"栏填写所购书目,邮购图书均可享受9折优惠。购书30元(按打折后实款计算)以上的免收邮挂费,购书不足30元的按邮局资费标准收取3元挂号费,邮寄费由我社承担。邮购地址:北京市丰台区晓月中路29号,邮政编码:100072,联系人:金友,电话:(010)83210681、83210682、83219215、83219217(传真)。